MEMENTO
DES
MACHINES A VAPEUR MARINES

RÉDIGÉ CONFORMÉMENT AU PROGRAMME DU 30 JANVIER 185?

A L'USAGE

DES

CANDIDATS AU GRADE DE MAITRE AU CABOTAGE

PAR E. GIQUEL

Professeur d'Hydrographie.

PRIX **3** FRANCS

HAVRE

A. DELAPORTE, Libraire-Éditeur,

Dépositaire de Cartes de la Marine Française et Anglaise

Place Louis XVI, 8.

1861

MACHINES A VAPEUR

V

(C.)

HAVRE — IMPRIMERIE ALPH. LEMALE, QUAI D'ORLÉANS, 9.

MEMENTO

DES

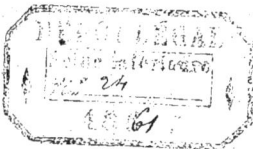

MACHINES A VAPEUR MARINES

RÉDIGÉ CONFORMÉMENT AU PROGRAMME DU 30 JANVIER 1857

A L'USAGE

DES

CANDIDATS AU GRADE DE MAITRE AU CABOTAGE

PAR E. GIQUEL

Professeur d'Hydrographie.

PRIX : **3** FRANCS

HAVRE

A. DELAPORTE, Libraire-Éditeur,

Dépositaire de Cartes de la Marine Française et Anglaise,

Place Louis XVI, 8.

1861

En rédigeant cet ouvrage, j'ai particulièrement eu en vue les Candidats au Cabotage. Je pense cependant que, tel qu'il est, il pourra aussi être utile aux Candidats au Long-Cours. J'ai simplifié les figures autant que possible, pour les réduire à des espèces de croquis faciles à reproduire au tableau.

Janvier 1861.

E. G.

MACHINES A VAPEUR

1° Notions élémentaires sur le travail mécanique. — Kilogrammètre. — Cheval-vapeur.

Chacun sait ce que l'on entend par repos et mouvement d'un corps; mais comme il n'y a peut-être pas dans l'univers un seul corps qui jouisse d'un repos absolu, le repos et le mouvement du corps que l'on considère, ne sont que relatifs aux corps environnants.

Ainsi, l'on entend par *repos* l'état d'un corps qui conserve la même position relativement aux objets environnants; et par *mouvement* l'état d'un corps qui ne conserve pas la même position par rapport à ces mêmes objets.

Un corps ne peut modifier de lui-même son état de repos ou de mouvement. Cette propriété de la matière est ce que l'on appelle l'*inertie*.

Lorsqu'un corps en repos se met en mouvement, ou lorsque son mouvement se modifie soit en vitesse, soit en direction, c'est toujours en vertu d'une cause étrangère que l'on nomme en général une *force*.

Ainsi, l'on appelle *force* toute cause qui tend à produire ou à modifier le mouvement d'un point matériel.

Une force quelconque peut toujours être remplacée par la traction équivalente qu'exercerait le poids d'un nombre déterminé de kilogrammes; et comme l'unité de poids est le kilogramme, il en résulte que l'unité de force est aussi le kilogramme.

L'on distingue dans une force, son point d'application, sa direction, et son intensité ou son énergie qui est représentée par le nombre de kilogrammes qui lui ferait équilibre. L'on peut donc dire une force de 40, de 50 kilogrammes.

Les forces peuvent être évaluées au moyen d'un dynamomètre (fig. 1), puisque cet instrument, une fois gradué au moyen de poids connus, peut servir à trouver les poids inconnus des corps pesants, et l'intensité des forces.

On appelle *travail* d'une force le produit de l'intensité de cette force par le chemin que parcourt son point d'application dans la direction même de cette force.

On donne le nom de *travail moteur* au travail d'une force qui agit dans le sens du mouvement de son point d'application; et le nom de *travail résistant*, à celui qui agit en sens contraire de ce mouvement.

Ainsi, lorsqu'un cheval entraîne une voiture au moyen de l'effort qu'il exerce sur les traits, ce cheval produit un travail *moteur*. Mais il peut arriver aussi, dans une montée, que la voiture recule en dépit de l'animal; et dans ce cas, il y a encore travail de la part du cheval, mais c'est un travail *résistant*.

On a choisi pour unité de travail, celui qu'il faudrait développer pour élever un kilogramme à un mètre de hauteur; et on lui a donné le nom de kilogrammètre (kgm). Ainsi 40 kg élevés à 7 mètres de hauteur ont exigé un travail de 280 kgm.

Lorsqu'il s'agit du travail continu des Machines, on fait usage d'une autre unité de travail dans laquelle entre la considération du temps. Cette unité se nomme *cheval-vapeur* et représente un travail de 75 kgm par seconde. Le travail d'un cheval-vapeur équivaut à peu près à celui de six chevaux ordinaires.

2° Pesanteur de l'air. — Pression de l'atmosphère. — Sa mesure.

On donne le nom d'*atmosphère* à la couche d'air qui enveloppe notre globe, et qui est emportée avec lui dans l'espace.

Cet air est pesant, comme il est facile de le constater au moyen d'un ballon de verre que l'on pèse une première fois avec l'air qu'il renferme, et une deuxième fois après y avoir fait le vide. La différence des poids est précisément le poids de l'air que contenait le ballon lors de la première pesée.

En divisant le poids de l'air par la capacité du ballon on aura le poids du litre d'air. L'on a trouvé ainsi que dans les circonstances ordinaires un litre d'air pèse 1, 3 grammes, et que par suite, il faudrait 769 litres d'air pour peser un kilogramme.

D'après cela, il est facile de concevoir que tous les corps plongés dans l'atmosphère, éprouvent dans toutes leurs parties des *pressions* qui ne sont autre chose que le poids des différentes colonnes d'air qui aboutissent aux différents points de ce corps.

L'on détermine la valeur de cette pression atmosphérique au moyen de l'expérience suivante : L'on prend un tube de verre long de 80 centimètres au moins, d'un diamètre de 5 à 6 millimètres et fermé à l'une de ses extrémités. L'on rempli ce tube de mercure, puis fermant l'ouverture avec le doigt, l'on retourne le tube, et l'on plonge l'extrémité ouverte dans une cuvette également remplie de mercure. Retirant alors le doigt, la colonne mercurielle s'abaisse de quelques centimètres, et conserve au-dessus du niveau de la cuvette *nn'*, une hauteur d'environ 76 centimètres (fig. 2).

Dans cette expérience, le vide se produisant au-dessus du mercure qui est dans le tube, cette partie du liquide ne supporte aucune pression; tandis que la partie qui est dans la cuvette est soumise à la pression atmosphérique. Par conséquent, cette pression atmosphérique qui agit sur le mercure de la cuvette, équivaut en moyenne au poids d'une colonne de mercure qui aurait 0m 76 de hauteur, puisqu'elle lui fait équilibre.

D'après cela il devient facile d'évaluer en kilogrammes la pression de l'atmosphère sur une surface donnée, sur un centimètre carré p. ex. sachant que le mercure est 13, 6 fois plus lourd que l'eau distillée. En effet, la pression de l'atmosphère sur ce centimètre carré est représentée par le poids d'une colonne mercure qui aurait un centimètre carré de surface de base et 76 centimètres de hauteur. Le volume de cette colonne est donc de 76 centimètres cubes, et peserait 76 grammes, si elle était d'eau distillée. Mais, comme il s'agit de mercure, son poids réel est de 76 gr. $\times$ 13. 6 ou 1 kg, 0336. La pression atmosphérique est donc aussi de 1 kg 0336 par chaque centimètre carré et par suite de 10336 kilogrammes par mètre carré.

Cette pression augmente ou diminue selon que le poids de l'atmosphère augmente ou diminue lui-même. Cette augmentation ou cette diminution est indiquée par l'allongement ou le raccourcissement de la colonne mercurielle de l'appareil que nous avons décrit plus haut. Cette longueur de 76 centimètres est la longueur moyenne de la colonne au niveau de la mer.

Cet appareil n'est rien autre chose qu'un *baromètre à cuvette*; et l'on appelle en général *baromètres* des instruments propres à mesurer la pression exercée par l'atmosphère.

3° De la chaleur et de ses principaux effets.

On appelle *chaleur* la cause de cette sensation que l'on éprouve près du feu ou en s'exposant au soleil, ou dans mille autres circonstances; et l'on donne le nom de *calorique* à l'agent qui fait naître en nous cette sensation. Ces deux mots sont le plus souvent pris l'un pour l'autre.

L'action générale de la chaleur sur les corps est de développer entre leurs molécules une force répulsive luttant sans cesse contre l'attraction moléculaire, ou force de cohésion qui tend à réunir en un seul tout les différentes parties d'un corps. Lorsque cette force de cohésion est supérieure à la force répulsive de la chaleur, le corps est dit à l'*état solide,* parce que ses différentes parties ne peuvent être séparées les unes des autres sans un effort plus ou moins grand. S'il y a équilibre entre la force de cohésion et la force répulsive de la chaleur, le corps est à l'*état liquide*, c'est-à-dire que si les différentes parties peuvent être séparées sans effort, elles ne tendent pas non plus à se repousser mutuellement. Enfin, si la force de cohésion est inférieure à la force répulsive de la chaleur, le corps passe à l'état de *fluide aériforme* ou de fluide semblable à l'air. Dans cet état les différentes parties du corps tendent à occuper un espace indéfini, et exercent sur les obstacles qu'elles rencontrent des poussées d'autant plus énergiques que l'espace occupé par le fluide est plus limité. Cet effet est celui produit par tous les corps élastiques comprimés.

Nous voyons d'après cela qu'un des effets de la chaleur est de changer l'état du corps, suivant la quantité de chaleur dont ce corps est pénétré. Un exemple bien simple de ces changements d'état nous est fourni par un morceau de glace, que la chaleur transforme d'abord en eau; puis en vapeur si cette chaleur continue à augmenter. De même, de la vapeur suffisamment refroidie donnerait d'abord de l'eau, puis de la glace.

Un autre effet de la chaleur en s'accumulant dans un corps, est d'augmenter le volume de ce corps, avant d'en changer l'état, par le fait de l'écartement des molécules du corps. Si la chaleur du corps vient à diminuer, les molécules se rapprochent et le corps diminue également de volume.

L'on appelle *dilatation* l'augmentation de volume qu'éprouve un corps que pénétre la chaleur; et *contraction* la diminution de volume qu'éprouve le corps à mesure qu'il se refroidit. Cette dilatation et cette contraction ont lieu quel' que soit l'état du corps solide, liquide ou gazeux.

Il est facile de constater ces effets au moyen d'expériences très simples : Ainsi, une barre de fer que l'on chauffe augmente de longueur; cette longueur diminue au contraire lorsque la barre se refroidit. Un liquide que l'on chauffe, sort en partie du vase qui le contient, si ce vase était primitivement plein; mais un vase plein d'un liquide chaud n'est pas aussi plein lorsqu'il est refroidi. Enfin, une vessie à moitié pleine d'air, se trouve complétement gonflée si on l'approche du feu et se dé-gonfle à mesure qu'on l'en éloigne.

La dilatation du corps et l'élévation de la chaleur, leur con-traction et l'abaissement de la chaleur allant toujours ensemble, il était naturel de prendre l'un de ces effets pour la mesure de l'autre; et c'est sur la dilatation et la contraction des li-quides qu'est le plus ordinairement basée la construction du *thermomètre*, instrument destiné à mesurer la chaleur.

Cet instrument se compose d'un réservoir rempli de liquide, auquel est soudé un tube capillaire, ou tube dont le diamètre intérieur est très petit, $\frac{1}{3}$ ou $\frac{1}{4}$ de millimètre. (Fig. 3). Suivant l'intensité de la chaleur à laquelle est exposé le thermo-mètre, le liquide prend un volume plus ou moins considérable et son sommet occupe des positions différentes le long du tube.

L'on divise en 100 parties égales l'espace parcouru par ce sommet, depuis le point où il se trouvait quand le thermomètre était plongé dans la glace fondante, jusqu'à celui où il se trouve lorsque l'instrument est plongé dans l'eau bouillante.

Le premier de ces points est marqué 0 et l'autre 100; et chacune de ces parties est un *degré centigrade* de chaleur. La graduation a été continuée au-dessous du point marqué 0, et ces nouveaux degrés sont assez habituellement nommés *degrés de froid*. Quand on écrit une température, l'on fait précéder du signe + le nombre de degrés de cette température quand ce nombre est au-dessus du point 0 et du signe — quand ce nombre est au-dessous.

En parlant de la dilatation et de la contraction du corps occasionnées par la chaleur, nous n'avons pas indiqué quelle était la grandeur du phénomène. L'augmentation et la diminution du corps est différente suivant l'état du corps; elle est différente aussi d'un corps à l'autre; pour le fer, chaque dimension du corps s'allonge de 0,0000126 de sa longueur par chaque degré d'augmentation de la température. Cette quantité très petite n'est appréciable qu'au moyen d'un instrument délicat pour une tige de fer de quelques décimètres; mais si l'on cherchait l'allongement des rails sur le chemin de fer de Paris à Lyon qui a 507,000 mètres de long, pour une augmentation de 30 degrés dans la température, l'on arriverait à un allongement de 192 mètres environ. Pour obvier aux inconvénients de cette dilatation, on ménage un petit intervalle entre les extrémités des rails.

On appelle *calorie* la quantité de chaleur nécessaire pour élever d'un degré la température d'un kilogramme d'eau. Il résulte delà, que pour élever d'un degré la température de 2, 3, 4... kilogrammes d'eau, il faut 2, 3, 4... calories; et que pour élever la température d'un kilogramme d'eau de 2, 3, 4... degrés, il faut 2, 3, 4... calories. D'après cela, il est évident que pour élever d'un certain nombre de degrés la température d'un certain nombre de kilogrammes d'eau, il faut un nombre de calories représenté par le produit de ces deux nombres. Ainsi, pour élever 1,000 kilogrammes d'eau de 10° à 100°, il faut 90,000 calories; le nombre 90,000 étant le produit de 1,000 par 90.

D'après cela, il devient facile de résoudre la question suivante. On mélange ensemble 30 kilog. d'eau à 25° et 40 kilog. à 10°, on demande la température du mélange.

Les 30 kilog. à 25° renferment 750 calories en comptant à partir de 0° de température, de même les 40 kilog. à 10° renferment 400 calories; les 70 kilog. du mélange renferment donc 1,150 calories et un seul kilogramme en renferme donc 16, 4; la température de ce kilogramme est donc 16°, 4 qui est aussi la température du mélange.

4° Formation, condensation et emploi de la vapeur.

On nomme *vapeurs* des fluides aériformes dans lesquels se transforment les liquides par l'absorption de la chaleur.

Cette transformation s'effectue de deux manières très distinctes; par l'évaporation et par la vaporisation. *L'évaporation* est la production lente des vapeurs à la surface d'un liquide dont la température est moindre que celle de l'ébullition. Tandis que *la vaporisation* est la production rapide des vapeurs se formant dans toutes les parties d'un liquide dont la température est au moins égale à celle de l'ébullition. Ainsi, dans un vase ouvert, et exposé à l'air libre, de l'eau s'évapore peu à peu et finit par disparaître; mais si le vase est exposé à l'ardeur du feu, cette eau bouillonne et se vaporise plus ou moins rapidement. Ce bouillonnement est occasionné par la formation de la vapeur dans les parties inférieures du liquide. Cette vapeur dont la tension ou la force élastique est alors égale à la pression atmosphérique, soulève le liquide pour arriver à sa surface et s'échapper dans l'atmosphère. Cette vaporisation de l'eau a lieu à une température plus ou moins élevée, suivant que la pression atmosphérique, indiquée par le baromètre, est elle-même plus ou moins grande. Lorsque le baromètre marque 76 centimètres, la vaporisation de l'eau pure a lieu à la température de 100°. Lorsque l'eau contient des matières étrangères, comme des sels, le moment de la vaporisation est retardé jusqu'à ce que la température de l'eau ait monté de quelques degrés. L'eau de mer ne se vaporise qu'à 100°, 7; et si le liquide contient tout le sel qu'il peut dissoudre il n'entre en ébullition qu'à 108°.

Nous n'avons parlé jusqu'ici que de la vaporisation à l'air libre; mais dans un vase fermé hermétiquement, les choses ne se passent pas tout à fait de la même manière. Une partie seulement de l'eau se réduit à l'état de vapeur, parce que la pression de cette vapeur sur le liquide s'oppose à ce que la totalité du liquide change d'état. En augmentant l'activité du feu, on augmente la quantité d'eau qui se réduit en vapeur; et si la chaleur vient à diminuer, une partie de la vapeur revient à l'état liquide.

Il serait fort imprudent de pousser le feu sans être certain de la résistance du vase fermé dans lequel on opère la vaporisation; car, à mesure que la quantité d'eau vaporisée augmente, la force élastique de la vapeur augmente aussi rapidement et la pression sur les parois intérieures du vase peut devenir assez considérable pour le faire rompre, quel que soit, du reste, sa solidité.

Nous renfermons dans le tableau suivant le nombre d'athmosphères auquel la vapeur d'eau pure fait équilibre, d'après la température de l'eau qui la donne, et avec laquelle elle doit toujours être en contact.

à 100° elle fait équilibre à 1 atmosphère.
121............................ 2 »
134............................ 3 »
144............................ 4 »
152............................ 5 »
159............................ 6 »
165............................ 7 »
171............................ 8 »
176............................ 9 »
180............................ 10 »
200............................ 16 »

Pour bien juger de l'effort produit dans chaque cas, il faut se rappeler que, pour chaque atmosphère, la pression exercée par centimètre carré est de 1 kg 033, en sorte que pour 16 atmosphères la pression par chaque centimètre carré serait de 16 kg 528 et par suite de 165,280 kilog. par mètre carré de surface.

Lorsque l'eau contient des sels en dissolution, la force élastique des vapeurs n'atteint la pression donnée dans le tableau précédent qu'à une température un peu plus élevée; de même qu'il a fallu porter la température à plus de 100° pour arriver au moment de l'ébullition.

Relativement à la force d'élasticité que développe la vapeur, il faut remarquer que, dans tout ce qui précède, nous avons supposé et nous avons dit que la vapeur était toujours en communication avec le liquide producteur.

On appelle vapeur *saturée* celle qui est constamment en contact avec le liquide qui la produit; et, nous le répétons, c'est elle qui a fourni les résultats précédents, et c'est toujours de cette vapeur saturée que nous entendrons parler par la suite.

Au contraire, l'on appelle vapeur *désaturée* celle qui n'étant plus en contact avec le liquide qui l'a produite, possède une température supérieure à celle qu'elle avait au moment où a cessé la saturation. A partir de ce moment, la force élastique de la vapeur isolée de son liquide, croit proportionnellement à la température et de 0 kg 00375 pour chaque degré centigrade et pour chaque centimètre carré. Ainsi de la vapeur à 100° étant isolée de son liquide et portée à 200° n'acquiert que 0 kg 375 de pression par centimètre carré, c'est-à-dire environ $\frac{1}{3}$ d'atmosphère.

Pour les différentes températures, et par suite pour les différentes pressions, une même quantité d'eau ne donne pas la même quantité de vapeur. Cette dernière est d'autant moins grande que la température est plus élevée. Pour un litre d'eau on a en vapeur :

à 100°............................ 1700 litres
à 121.............................. 850 »
à 134.............................. 600 »

dont le poids est toujours égal à celui du litre d'eau, c'est-à-dire à un kilogramme.

On appelle *condensation* de la vapeur son retour à l'état liquide. Cette condensation peut avoir lieu par compression ou par refroidissement. C'est ce dernier moyen que l'on emploie dans les machines à vapeur marines.

Si l'on refroidit convenablement un volume quelconque de vapeur, cette vapeur se condense, et changeant d'état, elle donne naissance à un volume d'eau qui est l'équivalent en poids du volume de vapeur condensée. Un des moyens les plus rapides pour obtenir la condensation par refroidissement, est d'injecter une certaine quantité d'eau froide dans le vase qui renferme la vapeur d'eau. La condensation se fait pour ainsi dire instantanément.

Ici se présente naturellement la question suivante : en condensant de la vapeur d'eau à une température donnée avec de l'eau dont la température est également connue, quelle sera la température du mélange? L'on suppose également connaître la quantité de vapeur et la quantité d'eau.

Pour arriver à la solution de ce problème il faut partir d'un résultat déduit de l'expérience; c'est que, pour réduire en vapeur à 100° un kilogramme d'eau à 100°, il faut 536 calories. On a donné le nom de chaleur *latente*, à cette chaleur qui se trouve dissimulée par le liquide dans son passage à l'état de vapeur, et que ce liquide rendra sensible en revenant à son état primitif.

Ceci admis, on demande quelle sera la température d'un mélange de 350 grammes de vapeur à 100° avec 10 kilogrammes d'eau à 15°

En comptant encore à partir de 0° de température, 1 kilog. de vapeur à 100° renferme 636 calories, et 0 kg. 35 en renferment 222, 4. Mais les 10 kilog. d'eau à 15° contiennent 150 calories, en sorte que le mélange qui est de 10 kg 35 contient 372,4 calories. Un seul kilogramme en renfermera donc 36 environ et sera ainsi que tout le mélange à la température de 36°.

L'on peut aussi avoir la question réciproque à résoudre. P. ex. : combien faut-il de kilogrammes d'eau à 18° pour condenser 0 kg 450 de vapeur à 100°, de manière à ce que l'eau de condensation soit à la température de 36°?

Un kilogramme de vapeur à 100° ramené à l'état liquide et réduit à 36°, perd 600 calories; en sorte que 0 kg 45 perdront 270 calories, nombre égal au produit de 600 par 0,45. Ces 270 calories perdues par la vapeur à 100°, seront recueillies par l'eau à 18° qui a servi à la condenser et qui devra être alors à la température de 36°. Cet accroissement de 18° pour le tout, ou de 18 calories pour chaque kilogramme, multiplié par le nombre inconnu des kilogrammes doit donc faire les 270 calories perdues par la vapeur et gagnées par l'eau qui a servi à condenser; on obtiendra donc le nombre de kilogrammes de cette eau en divisant 270 par 18 ce qui donne 15 kilog. pour le nombre cherché.

En admettant, d'après l'expérience, qu'un kilogramme de charbon fournit 3000 calories, il en résulte que les 450 grammes de vapeur à 100° ont produit sur l'eau qui a servi à condenser le même effet que la combustion de 0,09 de kilogramme de charbon.

Remarquons, avant de terminer, que les questions que nous venons de résoudre ne sont autres que celles connues en Arithmétique sous le nom de Règle de Mélange ou d'Alliage.

Nous avons dit précédemment, en parlant de la formation des vapeurs en vases clos, que la vapeur d'eau saturée était susceptible d'acquérir une force élastique considérable. C'est précisément cette force de répulsion qui est le moteur employé dans les machines à vapeur. L'on conçoit, en effet, immédiatement, que si l'on parvient à appliquer cette force alternativement à la face inférieure et à la face supérieure d'un piston se mouvant dans un cylindre; l'on obtiendra ainsi un mouvement de va et vient, qu'il sera facile de changer en mouvement circulaire au moyen d'une *manivelle*; et ce mouvement circulaire pourra être employé à la propulsion des navires.

Pour donner immédiatement une idée de la puissance d'une semblable machine, il suffit de nous rappeler que si la surface du piston était équivalente à un mètre carré et que la tension de la vapeur fût seulement égale à 2 atmosphères; ce piston serait sollicité tantôt dans un sens et tantôt dans l'autre avec une force de plus de 20,000 kilogrammes.

La vapeur d'eau n'est pas la seule que l'on ait voulu utiliser pour faire mouvoir le piston dont nous parlions; mais jusqu'ici les essais tentés avec la vapeur des autres liquides n'ont pas été couronnés d'un plein succès.

5° Division des machines à vapeur en machines à haute et basse pression, avec ou sans condensation. — Aperçu sur les principaux systèmes de machines marines, à roues et à hélice.

On appelle *machines* des instruments destinés à transmettre l'action des forces; et les machines à vapeur sont des appareils dans lesquels on utilise la force élastique de la vapeur pour imprimer à un piston un mouvement rectiligne et alternatif.

Toute machine à vapeur se compose toujours :

1° d'un *foyer* F. (fig. 4) pour brûler le combustible destiné à produire la chaleur nécessaire à la vaporisation.

2° d'une *chaudière* C dans laquelle est l'eau destinée à être vaporisée.

3° d'un *cylindre* fermé C' dans lequel se meut un *piston* P. Ce cylindre reçoit, par un conduit A, la vapeur produite par la chaudière, et peut la laisser échapper par le conduit B.

4° d'un *tiroir*, qui est un appareil particulier appliqué contre le cylindre. Cet appareil que nous décrirons bientôt, règle

2

l'introduction et la sortie de la vapeur. Il est toujours construit de manière à ce que la vapeur puisse agir alternativement sur l'une et l'autre face du piston, et cesser son action sur l'une des faces au moment où cette action commence à agir sur l'autre. Dans la figure 4 le jeu du tiroir est remplacé par celui de quatre clefs R R_1 R_2 R_3.

Au piston P du cylindre est solidement attachée une tige T qui sort par l'une des bases du cylindre, en passant par une boîte à étoupes grasses. Cette tige a le même mouvement de va et vient que le piston; mouvement dont nous parlions à la fin du paragraphe précédent.

Il est facile de comprendre sur cette figure 4 le jeu d'une machine à vapeur. Supposons qu'il s'agisse de mettre le piston P en mouvement en commençant par le faire monter. La vapeur nécessaire est fournie par la chaudière C et les quatre robinets R R_1 R_2 R_3 sont fermés. L'on ouvrira le robinet R_1 et le robinet R_2, la vapeur se précipitera sous le piston P par le conduit A R_1 et le forcera à monter, l'air ou la vapeur qui est au-dessus de lui pouvant s'échapper par le conduit R_2 B. Lorsque le piston P sera arrivé au haut de sa course, l'on fermera les robinets R_1 et R_2 et l'on ouvrira R et R_3. La vapeur de la chaudière se rendra donc, par le conduit A R, au-dessus du piston P pour le forcer à descendre, et celle qui est au-dessous de lui pouvant s'échapper par R_3 B, cessera de faire obstacle à sa descente. Pour le faire remonter, il suffira de fermer R et R_3 et d'ouvrir R_1 et R_2, et ainsi de suite.

L'on divise les machines à vapeur, en machines à *basse*, à *moyenne* et à *haute pression*.

Une machine à vapeur est dite à *basse pression*, lorsque la pression de la vapeur ne dépasse pas une atmosphère et demie;

Elle est à *moyenne pression* entre cette limite et trois atmosphères;

Elle est, enfin, à *haute pression* au-delà de trois atmosphères.

Jusqu'à cette époque, l'on ne dépasse guère six atmosphères.

L'on divise encore les machines à vapeur en machines à *condensation* et machines sans *condensation*.

La machine est à condensation lorsque la vapeur qui a déployé son énergie sur l'une des faces du piston, doit cesser d'agir, et peut se rendre par le conduit B dans un réservoir vide d'air, où elle est condensée par une injection d'eau froide. Le piston peut alors parcourir de nouveau, mais en sens inverse, comme nous l'avons dit tout à l'heure, le chemin que la vapeur, qui vient d'être condensée, lui avait fait parcourir l'instant d'auparavant.

La machine est sans condensation, lorsque la vapeur qui vient d'agir et qui doit cesser son effet, comme dans le cas précédent, peut se répandre dans l'atmosphère par le conduit B pour ne plus entraver le retour du piston.

Les machines à basse pression sont toujours à condensation, parce que la pression de la vapeur est dans ces machines trop peu supérieure à la pression atmosphérique. Celles à moyenne ou à haute pression peuvent être avec ou sans condensation. Les machines employées jusqu'ici à la propulsion des navires sont presque toutes à condensation, parce qu'il y a économie de force; l'atmosphère offrant une résistance à vaincre plus grande que celle qui provient du vase clos où se fait la condensation.

Il y a une très grande variété dans les machines employées à la propulsion des navires; les unes destinées à faire mouvoir des roues à aubes, sont avec ou sans *balancier*. Ces dernières dites à *connexion directe* sont à *cylindres oscillants* (fig. 5), ou à *cylindres fixes* (fig. 6 et 7); et les plus remarquables parmi celles de cette dernière catégorie sont celles à *fourreau* de M. Penn (fig. 7).

Les autres destinées à faire mouvoir une hélice, tout en participant à la classification précédente, sont plus particulièrement divisées en deux types principaux : celui à *engrenage*, dans lequel il y a deux arbres distincts agissant l'un sur l'autre au moyen d'une roue qui engrène dans un pignon; et celui à mouvement direct, dans lequel il n'y a qu'un seul arbre qui porte l'hélice et les manivelles que font tourner les tiges des pistons.

Nous reviendrons plus tard sur ces différentes variétés de machines à vapeur; mais il convient d'abord de s'occuper des différentes parties qui entrent dans la composition de toutes machines à vapeur, quel que soit le système adopté.

6° Appareils générateurs de la vapeur. — Des chaudières les plus usitées à bord. — Des chaudières tubulaires. — Fourneaux et conduits de flamme. — Tubes et plaques de tubes. Tirants et entretoises. — Cheminées.

L'appareil générateur de la vapeur se compose de deux parties distinctes, du *foyer* et de la *chaudière*.

Le foyer F (fig. 8) est la partie où l'on brûle le combustible. Le fonds du foyer est formé d'une grille G, dont les barreaux sont plus ou moins espacés, suivant la nature du charbon que l'on doit brûler. Cette grille est limitée par un autel en briques réfractaires A, destiné à préserver en cet endroit la paroi de la chaudière. Les barreaux de la grille G ont un peu de liberté dans le sens de leur longueur, pour qu'il n'y ait pas d'obstacle à leur allongement, lorsqu'ils seront portés à une haute température. Sur le devant de la grille, en S, est un espace plein nommé *la sole*, destiné à éloigner de la porte le charbon en pleine combustion. Des lames d'eau renfermées entre les parois de la chaudière enveloppent dans toute son étendue le foyer F ainsi que le cendrier C, afin de préserver les parties du navire, voisines de la chaudière, de l'effet d'une trop grande chaleur.

On entend généralement par *chaudière* un vase destiné à chauffer un liquide, quelle que soit, du reste, sa forme et sa capacité. Si cette chaudière doit produire de la vapeur pour en obtenir une force, elle doit être close hermétiquement pour maintenir l'énergie de cette vapeur, et la contraindre à aller porter toute sa force sur l'organe de la machine destiné à la transmettre, c'est-à-dire sur le piston.

Il résulte de là que les parois de la chaudière doivent présenter une grande résistance. A cet effet on les construit en tôle de fer de 6 à 8 millimètres d'épaisseur, et l'on a soin d'employer des tôles plus fortes dans la partie basse de la chaudière, parce que cette partie est plus sujette à se détériorer.

Suivant les différents services auxquels étaient employées les machines à vapeur, l'on a donné aux chaudières des formes différentes. Ainsi, l'on a eu, successivement, les chaudières hémisphériques ; celles dites à tombeau ; les chaudières cylindriques à foyer intérieur ; les chaudières à bouilleurs, et enfin les chaudières tubulaires (fig. 8), qui sont maintenant le plus communément employées à bord des navires.

Ces chaudières diffèrent des précédentes, en ce qu'un très grand nombre de tubes T, placés parallèlement les uns aux autres, sont plongés dans la partie de la chaudière occupée par l'eau qui doit être vaporisée. Ces tubes, placés en quinconces, sont traversés par la flamme du foyer F, et présentent ainsi une grande surface à l'action du feu sur les parois de la chaudière, autrement dit une grande *surface de chauffe*.

Dans les autres systèmes, pour augmenter la surface de chauffe, on isolait le plus possible la chaudière du massif de maçonnerie dans lequel elle était maintenue, et on lui donnait en outre des parties rentrantes, d'où résultait des conduits que devait parcourir la flamme pour communiquer à l'eau le plus de chaleur possible.

Cette grande surface de chauffe était indispensable à obtenir, car l'expérience a prouvé que par mètre carré de surface de chauffe, on vaporise en une heure 25 kilogrammes d'eau, en brûlant 3 kilogammes de houille de bonne qualité ; et qu'il convient de donner 1 mètre carré 5 de surface de chauffe pour chaque force de cheval-vapeur ; en sorte que les machines consomment en moyenne 4 kilogrammes de houille par force de cheval et par heure.

Dans les chaudières tubulaires, les foyers ou fourneaux sont complétement entourés d'eau, comme nous l'avons déjà dit, pour protéger le navire et augmenter la surface de chauffe. Mais il y a deux dispositions principales relativement aux tubes ou conduits de flamme.

Dans la 1re, dite *à flamme directe*, les tubes font suite au foyer F; dans la 2e, dite à *retour de flamme*, les tubes T (fig. 8) sont au-dessus du foyer F, et la flamme, après avoir passé sous le ciel du foyer formé par l'un des fonds de la chaudière, se rend dans une grande caisse B entourée d'eau et appelée *boîte à feu*. De cette boîte, elle entre dans les tubes T, et fait retour vers la porte des foyers pour déboucher dans un second espace B′ nommé *boîte à fumée*, d'où part la calotte de la cheminée H. La flamme revient ainsi sur elle-même avant de s'échapper, et a le temps d'abandonner à l'eau une plus grande partie de son calorique.

La seconde de ces dispositions, est la seule qui convienne à la navigation, comme ayant l'avantage indispensable de permettre en marche le nettoyage des tubes.

Il n'y a pour cela qu'à ouvrir la porte 0, 0′ ou 0″ (fig. 8 bis) qui correspond au jeu des tubes à nettoyer, et pendant que tout le reste fonctionne comme d'habitude, l'on passe dans chaque tube un écouvillon en fil de fer ou une gratte. Ces tubes ont encore l'avantage de pouvoir être bouchés avec un tampon, dans le cas de rupture; tandis que dans la première disposition le nettoyage et la réparation, dont nous venons de parler, ne sont plus possibles.

Tous les tubes sont réunis par leurs extrémités à deux plaques parallèles P, P′, ou légèrement inclinées l'une vers l'autre, et nommées *Plaques de tubes ou de têtes*. Chacun des nombreux trous qui les percent renferme un tube, et c'est entre ces deux plaques et les parois contiguës de la chaudière qu'est contenue la plus grande partie de l'eau à vaporiser, jusqu'à 10 centimètres au-dessus de la dernière rangée des tubes.

La partie de la chaudière occupée par l'eau se nomme

chambre à eau; et la partie supérieure V *chambre ou coffre à vapeur*.

Les tubes, dont on vient de parler, sont assujétis aux plaques de têtes par des rivures; mais quelques-uns ont leurs extrémités à vis et servent de *tirants* pour empêcher les plaques de têtes de se déformer. C'est aussi dans ce but que l'on a donné à ces plaques une épaisseur plus grande que celle des tôles qui servent à confectionner les autres parties de la chaudière. Ces tubes qui sont ordinairement en laiton, et quelquefois en fer, sont sujets à se ronger à l'endroit de la rivure, et l'on a parfois incliné les plaques de têtes afin que les plus longs tubes, une fois rongés aux rivures, puissent encore remplacer les tubes d'une moindre longueur.

Nous avons dit que certains tubes servaient de tirants aux plaques de têtes. On appelle en général *tirants* des barres rondes T′, en fer ou en cuivre de 3 centimètres environ de diamètre et réunissant deux surfaces opposées pour résister à l'effort qui tend à les écarter. Ces tirants sont indispensables pour empêcher la chaudière de se déformer, surtout lorsqu'elle a des surfaces planes. Ils doivent être d'autant plus nombreux qu'il y a un plus grand nombre de surfaces de ce genre, et que la pression doit être plus considérable.

Outre l'effort d'écartement que supportent les parois de la chaudière, il est aussi quelques-unes de ces parois, telles que la paroi D E, qui surchargées du poids du foyer et de la chambre à eau tendent à s'affaisser sur le fond IK de la chaudière. Pour parer à cet inconvénient l'on a interposé entre DE et IK des arcs-boutants *d* appelés *entretoises*.

Les tirants et les entretoises ne sont donc que des tiges de consolidations; les premières agissant seulement par traction, et les deuxièmes agissant aussi par traction et comme arcs-boutants pour résister à l'écrasement.

Les produits de la combustion du foyer F s'échappent dans l'air par la cheminée de la machine qui commence en H, et dont la longueur est destinée à entretenir l'activité du tirage.

A la mer les cheminées sont de gros tuyaux en tôle mince rivée sur des bandes intérieures. Leur forme cylindrique est avantageuse comme donnant à leur section horizontale une aire maximum, et présentant moins d'obstacle au vent qu'une autre cheminée de même aire pour sa section.

Les cheminées sont le plus souvent fixes; quelquefois elles sont aussi à rabattement, ou à télescope c'est-à-dire formées de tuyaux qui peuvent s'emboîter les uns dans les autres.

La partie inférieure de la cheminée est entourée d'une enveloppe ou chemise qui a pour but de préserver les objets environnants d'une trop forte chaleur.

Remarquons, en passant, que lorsque l'on allume les feux pour mettre la machine en mouvement, il ne faut pas oublier de mollir les haubans de cheminée, s'ils ont été roidis au mouillage, parce que leur dilatation étant moindre que celle de la tôle de la cheminée, celle-ci en forçant sur son pied fatiguerait beaucoup le haut de la chambre à vapeur.

Par une raison analogue, lorsque les feux sont éteints, et la cheminée refroidie, il faut de nouveau roidir les haubans.

7° Combustibles. — Diverses espèces de houille.

L'on entend par *combustible*, la substance solide, liquide ou gazeuse, que l'on brûle pour obtenir de la chaleur.

Le seul combustible employé en France pour la vaporisation de l'eau des chaudières des machines à vapeur, est le charbon de terre, autrement appelé *houille*; et des briquettes formées de menu charbon aggluting au moyen de brai sec ou de toute autre substance bitumineuse et collante.

L'on distingue deux espèces principales de houille, la *houille grasse*, et la *houille maigre*. La première de ces houilles est d'une couleur noire veloutée très foncée; elle salit les doigts, et comparée aux autres espèces, elle est légère et friable. En brûlant, elle donne une flamme blanche, semble se fondre sous l'action de la chaleur, et les différents morceaux de ce charbon se soudent les uns aux autres en se gonflant et se boursouflant. L'inconvénient que présente ce genre de houille, est qu'il faut sans cesse dégager les barreaux de la grille pour laisser passer à travers le feu la quantité d'air nécessaire à la combustion.

La houille maigre est d'une couleur grise très foncée, et salissant peu les doigts; elle est plus pesante que la houille grasse, et ne s'agglutine pas en brûlant. Celle qui donne de longues flammes, s'allume et brûle très facilement en développant beaucoup de chaleur. Ce charbon est de beaucoup préférable au charbon gras pour les chaudières.

Entre ces deux extrêmes, il y a encore une grande variété d'autres charbons, se rapprochant plus ou moins de l'une ou de l'autre. Dans le choix à faire, il ne faut pas oublier qu'un charbon est d'autant plus avantageux qu'il est d'un plus grand poids à l'encombrement, c'est-à-dire d'un plus grand poids sous l'unité de volume, parce que les différents charbons donnent pour le même poids à peu près la même quantité de calories, de 3000 à 3200 par kilogramme. Les charbons gras pèsent 75 kilogrammes à l'hectolitre et les charbons secs 78 à 80.

Au reste, pour se décider sur le choix à faire entre les différents charbons que l'on peut se procurer dans un lieu donné, il n'y a de moyen certain que leur essai dans le foyer où ils doivent être consommés. Il arrive alors parfois qu'il est avantageux de mélanger les différentes espèces, et c'est ce qui a lieu journellement pour les bateaux à vapeur du port du Havre, où l'on mélange dans les soutes, par parties à peu près égales, le charbon gras de Newcastle, et un charbon maigre de Cardiff qui, consommé seul, ne donnerait qu'une flamme bleuâtre et courte et ne développerait pas une chaleur assez intense.

Quant aux briquettes, dont l'usage tend à se répandre de plus en plus, pour qu'elles soient d'un bon usage, elles doivent être dures et compactes, peser environ 1 kg 2 par décimètre cube, s'allumer et brûler facilement sans se désagréger au feu, et, enfin, vaporiser la même quantité d'eau qu'un poids égal de charbon de terre.

8° Manomètres. — Soupapes de sûreté.

On appelle *manomètres* des instruments destinés à mesurer la pression de la vapeur contre les parois intérieures de la chaudière, avec laquelle ils sont en communication. L'unité de pression choisie dans cette circonstance est la pression d'une atmosphère. Lorsque le résultat est connu au moyen de cette unité, il devient facile de l'avoir en kilogrammes à raison de 1 kg. 033 par chaque centimètre carré et par chaque atmosphère.

Il y a deux espèces de manomètres, le manomètre à air libre et le manomètre à air comprimé. Le manomètre à air libre est le plus exact de tous les manomètres et peut servir d'étalon pour comparer ou graduer les autres genres de manomètres. Il consiste en une cuvette fermée C C' (fig. 9), dans laquelle est une certaine quantité de mercure. Un tube T, ouvert par les deux bouts, plonge dans ce mercure dont le niveau est *n n'*. La cuvette est en communication avec la chaudière par le robinet R que l'on ouvre ou ferme à volonté. Supposons-le ouvert; tant que la pression dans la chaudière ne surpassera pas la pression atmosphérique, le niveau du mercure dans le tube T et dans la cuvette C C' sera le même.

Mais lorsque la pression de la chaudière sera supérieure à la pression de l'atmosphère, le niveau N du mercure dans le tube sera supérieur au niveau dans la cuvette, et la différence de ces niveaux indiquera la pression qu'il y aura dans la chaudière en plus d'une atmosphère, et à raison de 76 centimètres pour chaque nouvelle atmosphère. Dans les machines à moyenne et à haute pression, ce genre de manomètre devenait d'un usage incommode par la longueur qu'il fallait lui donner. Pour pallier cet inconvénient, tout en lui conservant ses avantages, on le fit à syphon, c'est-à-dire à deux branches (fig. 9 *bis*), dont l'une B communique avec la chaudière et l'autre B' avec l'air libre. Dans ce cas, la cuvette C C' est pleine de mercure, et les deux branches en renferment jusqu'aux deux points *n* et *n'* qui sont de niveau tant que la pression dans la chaudière ne surpasse pas une atmosphère. Mais lorsque cette pression augmente, le niveau s'abaisse dans la branche B et s'élève dans la branche B' d'une égale quantité ; la différence de niveau dans les deux branches donne la pression au-dessus d'une atmosphère, à raison de 76 centimètres par atmosphère.

Pour obvier à l'inconvénient de la fragilité des tubes en verre, l'on emploie des tubes en fer et l'on fait reposer sur le mercure de la branche B' un flotteur F dont l'index est au zéro de la graduation quand le mercure est de niveau dans les deux branches. La graduation que parcourt l'index est en demi-centimètres qui se comptent pour des centimètres entiers ; parce que le mercure montant dans la branche B' d'un demi-centimètre descendra dans la branche B d'un autre demi-centimètre, ce qui fait une différence de hauteur d'un centimètre.

L'on a essayé de diminuer encore la longueur du tube en le fermant par son extrémité supérieure (fig. 9). Dans ce cas ci la pression supportée par le mercure du tube T est donnée par l'élasticité de l'air contenue entre le mercure et la partie supérieure du tube, élasticité qui est en raison inverse de son volume. Quant à son volume, il se réduit en raison de la pression qu'il supporte. Il suit delà qu'à mesure que la pression augmentera, l'espace à parcourir par le mercure du tube pour chaque atmosphère, ira en diminuant ; d'où résulte que l'on connaîtra moins bien les variations de la pression à mesure qu'il deviendra plus important de les mieux connaître. Cet inconvénient, joint à la fragilité de son tube qui est ici nécessairement en verre a empêché l'adoption de ce manomètre.

Aux différents manomètres que nous venons de décrire, on a substitué des manomètres métalliques, et l'un des plus usités est celui de M. Bourdon (fig. 10). Il consiste en un tube *t t' t''* roulé en spirale, et aplati dans la direction du rayon de la spirale. La figure 10 *bis* en représente la section. L'extrémité K de ce tube qui reçoit la vapeur, par le conduit K K' qui communique à la chaudière, est fixe; tandis que l'autre extrémité *t''* qui est fermée, commande l'aiguille A d'un cadran C, C.

Lorsque la vapeur est admise dans ce tube, elle tend à le redresser, parce que son effort est plus grand sur la courbe extérieure que sur la courbe intérieure, qui est moins développée, et aussi parce que faisant gonfler le tube dans le sens du petit diamètre, ce gonflement agit encore pour le redressement. L'effet obtenu est plus ou moins grand, suivant que la pression de la vapeur est plus ou moins énergique, en sorte que si le cadran C, C est convenablement gradué, l'on y pourra lire la pression de la vapeur.

Quant à la graduation du cadran, elle a été faite en comparant les déplacements de l'aiguille aux indications fournies par un manomètre étalon.

Ce qui importe le plus dans l'emploi d'une chaudière à vapeur, c'est d'éviter que la tension ne s'y élève au-dessus du degré prévu, et pour lequel elle a été éprouvée avant qu'on ne s'en servît.

Un arrêté ministériel du 16 Janvier 1860 fixe à *cinq minutes* au maximum, le temps durant lequel *la pression double* devra être maintenue dans les chaudières marines soumises à des essais à l'eau froide. En sorte qu'une chaudière qui devra donner de la vapeur à une tension de 2 atmosphères $^1/_2$ sera essayée à une pression équivalente à 5 atmosphères.

Quoique les manomètres puissent à la rigueur suffire pour obvier à l'inconvénient que l'on vient de signaler, il est cependant prescrit d'adapter à la partie supérieure de chaque chaudière deux soupapes de sûreté (fig. 13) et de les placer aux extrémités opposées de la chaudière, et à la plus grande distance possible l'une de l'autre. Les diamètres des orifices de ces soupapes sont réglés d'après la surface de chauffe de la chaudière et la tension maximum de la vapeur. Ces soupapes

S sont chargées directement ou par l'intermédiaire d'un levier
A R tournant autour du point A, d'un poids P qui correspond
à la pression maximum à laquelle la chaudière doit fonctionner.

Quand la vapeur atteint ce degré de pression, elle soulève
les soupapes et s'échappe. A la rigueur, une seule soupape
suffirait, mais comme elle pourrait se déranger, l'emploi de
deux est beaucoup plus certain. Cependant, l'inconvénient
d'avoir trop d'orifices à la chaudière et la nécessité de percer
le pont de toutes parts pour les tuyaux de décharge, font que
sur mer cette prescription n'est pas observée, et que l'on se
contente d'avoir une soupape par corps de chaudière.

Il faut pouvoir lever à volonté les soupapes de sûreté pour
voir si elles fonctionnent bien; et, au besoin, pour laisser baisser la pression.

Les chaudières sont encore pourvues d'une autre soupape S′
(fig. 13), s'ouvrant de dehors en dedans et nommée *soupape atmosphérique*, parce qu'en effet elle cède à la pression de l'atmosphère, quand celle-ci devient supérieure à la pression de la vapeur
de la chaudière. Cette circonstance se présente lorsque venant
au mouillage ou mettant à la voile, on ordonne d'éteindre les
feux et de vider les chaudières, qui viennent alors à se refroidir.
Par suite de ce refroidissement, la vapeur qui les remplissait se
condense et sa pression intérieure devient beaucoup plus faible
que celle de l'atmosphère. La chaudière pourrait donc céder à
l'effort d'écrasement qu'elle éprouve (effort qui peut aller à plusieurs milliers de kilogrammes par mètre carré), si elle n'était
pas pourvue d'une soupape atmosphérique, n'étant pas cons-
truite pour résister à une aussi grande puissance d'écrasement.
Quand il y a équilibre entre la pression intérieure et la pression extérieure, la soupape S′ est tenue fermée légèrement par
le contre-poids P′ dont l'effet est de maintenir la soupape S′
contre les bords de la chaudière.

9° Indicateurs du niveau d'eau et robinets-jauges.

Il importe, dans une chaudière à vapeur, que le niveau de l'eau soit supérieur à toutes les parties qui peuvent être touchées extérieurement par la flamme du foyer. Dans le cas contraire la flamme pourrait rougir les parois de la chaudière qui sont au-dessus de l'eau, ce qui deviendrait une cause de danger au moment où l'on alimenterait la chaudière. Il est, en effet, facile de comprendre que l'eau mise en contact avec ces surfaces rouges, produirait instantanément de la vapeur à une tension plus grande que celle que la chaudière peut supporter. C'est pourquoi il est de règle que le plan d'eau normal soit d'un décimètre au-dessus de la partie la plus élevée des tubes ou conduits de flammes. Il ne faut pas non plus aller beaucoup au-delà de cette élévation, parce que toute cette eau, n'étant pas en contact avec les surfaces de chauffe, ou les surfaces qui peuvent être léchées par la flamme, ne se trouve pas dans de bonnes conditions pour l'échauffement.

On doit donc surveiller attentivement l'abaissement que peut éprouver ce plan normal de l'eau, par l'effet de la vaporisation, des extractions dont nous parlerons plus tard, et des fuites de la chaudière.

On appelle *indicateurs du niveau d'eau* tout appareil destiné à faire connaître le niveau de l'eau dans la chaudière. Les principaux sont les flotteurs, les tubes de niveau et les robinets-jauges.

Les flotteurs sont formés de ballons en métal creux ou de pierres contrebalancées par d'autres poids. Ces flotteurs montant ou descendant avec le niveau de l'eau, indiquent la position de ce niveau au moyen de la tige dont ils sont pourvus et qui sort de la chaudière à travers une boîte à étoupe. Ce moyen est peu employé à la mer à cause de l'agitation du navire et aussi à cause du peu de place qui reste libre dans les chaudières tubulaires.

Les tubes de niveau consistent en de forts tubes en verre *t* (fig. 8), placés verticalement sur le devant de la chaudière, de manière à ce que leur milieu soit à peu près à la hauteur du niveau normal de l'eau. Ces tubes sont ouverts par les deux bouts, mais encastrés dans deux tubelures fixées sur la tôle de la chaudière. Chacune de ces tubelures a un robinet *r* et *r'* de manière à fermer le canal intérieur et empêcher la vapeur de jaillir, dans le cas où le tube de verre *t* viendrait à être cassé. Ainsi disposé, ce tube montre le niveau intérieur *n n*, puisque les deux bouts sont en communication, l'un avec l'eau et l'autre avec la vapeur de la chaudière, et qu'ils éprouvent ainsi la même pression qu'elle. Pour éviter les oscillations du niveau dans le tube *t*, l'on a eu le soin, au moyen de tubes intérieurs *t'* et *t''* de faire communiquer les extrémités du tube *t* d'une part avec le haut du coffre à vapeur V, et de l'autre avec la partie basse de la chambre à eau ; ces parties étant celles où l'agitation est la moins grande.

Il y a encore sur l'appareil un troisième robinet *r''*, qui est destiné à nettoyer le tube quand la saleté intérieure empêche de distinguer le niveau. Pour cela on ferme le robinet *r'*, et l'on ouvre *r* et *r''*; alors la vapeur qui vient de la chaudière passe dans le tube *t* avec une grande vitesse et en opère le nettoyage.

Ce système est le meilleur moyen de connaître le niveau de l'eau dans la chaudière ; mais sa fragilité a nécessité le recours à d'autres moyens n'ayant pas le même inconvénient.

Les robinets-jauges *a a' a''* (fig. 8 *bis*) servent aussi à vérifier le niveau de l'eau représenté par la ligne *n, n*. Ils sont au nombre de trois et placés les uns au-dessus des autres et à un décimètre de distance dans le sens vertical. Celui du milieu *a''* est placé au niveau normal de l'eau *n, n*, et doit donner de la vapeur mêlée d'eau lorsqu'on vient à l'ouvrir. Celui placé au-dessus *a* ne doit donner que de la vapeur ; et enfin le plus bas *a'* doit donner de l'eau pure.

Les robinets-jauges, à cause des bouillonnements qui ont souvent lieu dans la chaudière, ne donnent pas aussi distinctement l'état du niveau que les autres procédés, et par conséquent ne les valent pas; mais ils sont cependant d'un usage général conjointement avec les tubes de niveau parce qu'ils ne sont pas sujets à se déranger.

Il est des cas où les robinets-jauges ne donnent plus aucune indication, c'est lorsque la machine *marche sur le vide*, autrement dit, lorsque la pression de la vapeur dans la chaudière est tout au plus égale à celle de la pression atmosphérique. Si l'on ouvre alors les robinets-jauges, l'eau ne sortira pas, quoiqu'à une hauteur convenable, parce que l'air extérieur lui fait obstacle. Quant aux tubes de niveau ils continuent à bien fonctionner.

10° Diverses natures d'eau. — Eau de mer. — Dépôts et incrustations. — Extraction à la main. — Extraction continue.

Les eaux que l'on emploie à l'alimentation de la chaudière sont de natures très différentes. Ainsi, dans les rivières, la chaudière est alimentée avec de l'eau douce; à leurs embouchures, par de l'eau saumâtre; et en mer par de l'eau salée.

La première est bien préférable aux deux autres, en ce que contenant beaucoup moins de sels en dissolution, elle ne donne lieu qu'à des incrustations généralement insignifiantes.

La deuxième, qui est un mélange d'eau de rivière et d'eau de mer, participe aux inconvénients de cette dernière. Elle a de plus un inconvénient qui lui est propre, c'est d'éprouver parfois dans la chaudière des bouillonnements violents qui l'en font sortir en grande quantité, en la faisant passer par le conduit à vapeur jusques dans les cylindres; accident dont le moindre inconvénient est l'arrêt de la machine. Pour arrêter en partie ces projections d'eau dans les cylindres, l'on a mis dans le coffre à vapeur des chaudières des navires naviguant à l'embouchure des fleuves, des plaques P P' (fig. 8 *bis*) percées, comme un tamis, d'un très grand nombre de trous. Lorsque les bouillonnements ont lieu, et que l'eau en s'élevant vient à rencontrer cette crépine, elle est forcée de retomber dans la chaudière, et la vapeur presque seule se rend dans le cylindre.

Quant à la troisième espèce d'eau, qui se trouve être le plus souvent employée, elle exige dans son usage, certaines précautions dont nous allons parler.

L'eau de mer contient en dissolution une quantité de sel égale à 1/33 de son poids; c'est-à-dire que sur 33 kilog. d'eau de mer, il y a un kilogramme de sel. Elle pourrait en dissoudre bien davantage, mais il ne faut pas penser qu'elle en dissoudrait indéfiniment. La plus grande quantité qu'elle puisse dissoudre équivaut à 12/33 de son poids, en sorte qu'arrivé à cette limite, tout le sel que l'on ajouterait à cette eau, se précipiterait au fond sans se dissoudre. L'on dit alors que l'eau est saturée de sel.

Lorsque l'eau a atteint ce point de saturation, si l'on vient à en faire évaporer une partie, il arrive que le sel se trouve en excès, c'est-à-dire supérieur à 12/33 du poids de l'eau, puisque l'évaporation n'a enlevé que de l'eau pure. Il faut donc alors que ce sel en excès reparaisse, et c'est ce qui a lieu, en effet, sous forme de dépôt blanchâtre, que le goût fait reconnaître facilement pour du sel.

Si le vase qui renferme cette eau est clos en partie, et exposé à l'action d'un feu énergique, le sel s'attache fortement aux parois du vase, perd son goût, devient aussi dur que de la porcelaine et prend alors le nom d'*incrustations*.

Ces incrustations doivent être évitées dans les chaudières des machines à vapeur, par tous les moyens imaginables; d'abord, parce qu'elles nuisent au bon fonctionnement de la chaudière, et ensuite parce qu'elles peuvent être cause d'une explosion.

Lorsque l'incrustation a eu lieu et qu'elle a acquis une certaine épaisseur; comme la matière qui la forme est peu conductrice de la chaleur, il en résulte que pour obtenir la quantité de vapeur nécessaire à la consommation des cylindres, il faut pousser le feu, et dépenser une plus grande quantité de combustible. Malgré ce surcroit de dépense, il arrive que l'on n'obtient pas toujours la tension nécessaire; et le navire n'atteint pas la vitesse que l'on peut attendre de la force de la machine.

En outre, en agissant ainsi, l'on s'expose au danger d'une explosion, parce que l'incrustation étant, comme on vient de le dire, peu conductrice de la chaleur, le métal de la chaudière s'échauffe outre mesure, et peut même rougir dans certains cas. Le métal, se dilatant alors beaucoup plus que la couche produite par l'incrustation, celle-ci se fend et se détache de la chaudière. Le métal suréchauffé et mis à nu est alors en contact avec l'eau, et il se développe une quantité de vapeur telle que la chaudière est en danger de faire explosion.

Pour obvier à ce danger, il convient de ne pas laisser l'eau de la chaudière atteindre le degré de saturation, puisqu'à partir de ce moment l'incrustation commencerait à se produire. L'on y parvient par ce que l'on appelle les *extractions*; opération qui consiste à retirer de la chaudière une partie de l'eau qu'elle renferme, lorsqu'elle approche du degré de saturation, pour la remplacer par une autre eau, qui renferme une moins grande quantité de sel.

Ces extractions sont de deux sortes; les unes sont dites *extractions à la main*; et les autres *extractions continues*.

Les premières se font à des intervalles qui peuvent être indéterminés, mais dont la durée est ordinairement d'une heure. Au reste, les moments auxquels il convient de faire les extractions, sont indiqués par l'état de salure de l'eau de la chaudière. Cet état de salure est donné par le *pèse-sel* ou *saturomètre* (fig. 11) que le mécanicien plonge dans une certaine quantité d'eau prise au robinet-jauge *a'* (fig. 8 *bis*).

Il semblerait, d'après ce que l'on vient de dire, qu'il suffirait de faire les extractions lorsque le saturomètre indiquerait que l'eau approche du degré de saturation. Mais, pour éviter les dépôts de sulfate de chaux que contient aussi l'eau de mer, il convient de s'occuper des extractions beaucoup plus tôt; et on le fait ordinairement, lorsque le *pèse-sel* indique 5 à 6 degrés de sa graduation, ce qui répond à peu près à 3/33 de sel.

Avant de procéder à l'extraction, il faut d'abord pousser les feux et alimenter la chaudière, jusqu'à ce que le niveau dépasse de 8 centimètres environ le niveau normal; l'on ouvre ensuite le robinet d'extraction R (fig. 8); et sous l'effort exercé par la pression de la vapeur, on laisse s'écouler l'eau de la chaudière jusqu'à ce que son niveau soit descendu de 3 à 5 centimètres au-dessous du niveau normal que l'on rétablit de nouveau par l'alimentation. Quand le navire donne la bande, il ne faut pas trop abaisser le niveau dans l'extraction, de crainte de brûler les parois de la chaudière du côté du vent.

Le procédé que l'on vient de décrire, indique, suffisamment, pourquoi ces extractions sont dites à la main.

Quant aux extractions *continues* ou qui ont lieu sans interruption, elles se font ordinairement au moyen d'un robinet *r* (fig. 8 *bis*) placé sur un tuyau *t* dont la partie intérieure se prolonge assez pour arriver en A à 3 ou 4 centimètres au-dessus des surfaces de chauffe. Ce robinet est ouvert pendant tout le temps que la machine est en activité; et après quelques tâtonnements l'on parvient à régler l'ouverture du robinet *r* pour que la dépense de ce robinet soit à peu près égale à la moitié de la dépense d'eau produite par la vaporisation : proportion que l'expérience a indiquée être celle qui convenait pour éviter les incrustations.

L'on a prolongé intérieurement le tuyau *t* jusqu'à quelques centimètres au-dessus des plus hautes surfaces de chauffe; d'abord, pour ne pas déjauger la chaudière dans le cas où l'on oublierait de fermer le robinet *r* pendant un temps d'arrêt; et ensuite pour que l'eau extraite soit prise dans la partie supérieure de la chaudière : l'expérience ayant prouvé que l'eau de cette partie était la plus chargée de sel.

11° Du cylindre et de ses orifices. — Tiroir. — Détente. — Piston. — Sa tige et ses garnitures.

Le *cylindre* est la partie de la machine dans laquelle se rend la vapeur au sortir de la chaudière, pour exercer son effort sur le piston P (fig. 12), dont le mouvement est ensuite employé à la propulsion du navire. Son nom indique suffisamment la forme de cette partie de l'appareil. Le cylindre qui est nécessairement fermé, a toujours 4 orifices, dont 2 rectangulaires O et O' sont latéraux et existent aux extrémités du cylindre. Ces orifices, au moyen de conduits, viennent aboutir sur la plaque de friction A A'. Ils sont vus de face et dans leur véritable forme dans la figure 12 bis, qui représente aussi la plaque de friction vue également de face. Ces deux orifices sont destinés à l'introduction et à l'évacuation alternative de la vapeur qui agit sur les deux faces du piston P. Ainsi, pendant que la vapeur s'introduit par exemple par l'orifice supérieur O pour faire descendre le piston; celle qui avait agi de l'autre côté, s'écoule par l'orifice O' pour ne pas s'opposer à la descente du piston.

Les deux autres orifices S et S' sont placés sur les fonds ou les bases du cylindre et fermés par des soupapes qui ne peuvent s'ouvrir que sous un certain effort supérieur à celui produit par la pression de la vapeur venant de la chaudière. Ces soupapes, sont les soupapes de sûreté du cylindre, et voici dans quelles circonstances, elles viennent à fonctionner. La vapeur qui vient de la chaudière, entraîne parfois avec elle une certaine quantité de gouttelettes d'eau qui pénètrent dans le cylindre avec elles. En outre, le corps du cylindre étant à une température un peu inférieure à celle de cette vapeur, une petite quantité se condense, et par cette double cause, il finit par s'accumuler dans le cylindre, et des deux côtés du piston, une certaine quantité d'eau dont le volume devient supérieur à la capacité de la *liberté* du cylindre, c'est-à-dire à la capacité de l'espace qui reste libre entre le fonds du cylindre et le piston

P quand celui-ci est au haut ou au bas de sa course. Dans ces instants, l'eau comprimée entre le piston et les fonds du cylindre ferait éclater ces derniers si elle ne trouvait alors un dégagement par les orifices S et S' ou les soupapes de sûreté.

Dans le cas des projections d'eau, les soupapes de sûreté deviennent insuffisantes et il convient d'arrêter la machine.

Il y a encore dans l'un des fonds du cylindre un petit orifice *g* destiné à l'introduction du suif qui doit lubréfier la paroi intérieure du cylindre et le contour du piston pour diminuer le frottement. Ce suif s'écoule facilement vers la circonférence du piston qui est moins élevée que la partie centrale.

Nous avons dit tout-à-l'heure que les deux orifices latéraux O et O' (fig. 12) étaient destinés à l'introduction et à l'évacuation alternative de la vapeur venant de la chaudière. Cette manœuvre a lieu au moyen d'un mécanisme appelé *tiroir* qui ouvre et ferme alternativement ces deux orifices. Le *tiroir* est donc l'organe de la distribution de la vapeur dans le cylindre. Quelle que soit la forme adoptée pour cette partie du mécanisme, le tiroir est toujours composé de deux parties; l'une *t* est le tiroir proprement dit, et l'autre T est la boîte à tiroir.

Parmi les différents genres de tiroirs, le tiroir en coquille *t*, étant celui dont le jeu est le plus facile à comprendre, c'est aussi celui dont nous allons parler; puisque pour cet organe comme pour toute la machine, nous n'avons qu'à en connaître le jeu et non les détails techniques qui sont l'affaire du mécanicien. Le nom de ce tiroir lui vient de sa forme qui a quelque ressemblance avec celle d'une coquille de noix. Comme elle, il est évidé dans l'intérieur, et l'on appelle plaques frottantes ou *barettes* les parties planes de ses bords qui viennent recouvrir les orifices O et O'.

La vapeur arrivant de la chaudière par le tuyau F, pénètre dans la boîte à tiroir T; mais de cette boîte, elle ne peut passer dans les conduits O et O' pour entrer dans le cylindre C qu'autant que les bords du tiroir ou les barettes ne ferment pas ces conduits. Comme le tiroir *t* reçoit un mouvement de va et vient de la machine, il en résulte que lorsque le bord extérieur du tiroir découvre l'orifice du conduit O (fig. 14) la vapeur se précipite de la boîte à tiroir T dans ce conduit et presse la surface supérieure du piston P qu'elle force à descendre. Mais à cet instant, le conduit O′ est en communication avec l'intérieur du tiroir *t*, lequel est lui-même en communication constante, par le conduit *e*, avec le condenseur D (fig. 12), dans lequel la vapeur s'écoule pour y être anéantie. Quand le piston P est près d'arriver à la fin de sa course, le tiroir *t*, revenant sur lui-même (fig. 15), découvre le conduit O′ qui vient alors en communication avec l'intérieur de la boîte T, et le conduit O se trouve être en communication avec l'intérieur du tiroir et le condenseur. La vapeur venant de la chaudière se précipite donc dans le conduit O′ vers la face inférieure du piston P pour le faire monter ; et la vapeur qui se trouvait de l'autre côté s'échappe par le conduit O, par l'intérieur du tiroir *t* et le conduit *e* pour se rendre au condenseur D (fig. 12). Elle cesse ainsi de faire obstacle au retour du piston vers le haut du cylindre.

Ce tiroir, par son mouvement de va et vient, permet donc à la vapeur de faire effort alternativement sur l'une et l'autre face du piston P ; laissant écouler la vapeur située du côté du piston contre lequel elle ne doit plus agir. Il remplace donc, et avec avantage, les quatre robinets R R$_1$ R$_2$ R$_3$ de la figure 4.

La liberté du cylindre, dont nous parlions plus haut, a été ménagée pour faciliter le passage de la vapeur entre les fonds du cylindre et les faces du piston P, lorsque celui-ci est arrivé à fin de course.

Le mouvement du piston étant alternatif, il en résulte que son mouvement doit à chaque instant changer de direction ; ce mouvement ne saurait donc être uniforme, et il doit diminuer depuis le moment où il est maximum, jusqu'au moment où il change de direction, moment où il est nul. Si la vapeur entrait continuellement dans le cylindre, le piston devrait prendre un mouvement accéléré et il en résulterait des chocs à la fin de chaque course ascendante et descendante. Ces chocs tendraient à détériorer la machine et à produire des ruptures.

Pour obvier à cet inconvénient, le tiroir ne laisse entrer la vapeur, qui doit agir sur le piston, que pendant une partie de sa course, les 80 ou 90 centièmes, et le reste s'achève sous la pression exercée par la force élastique de la vapeur, ou sa *détente*. Par ce moyen, la force allant en diminuant, le piston arrive au fond du cylindre avec une vitesse décroissante, et peut sans choc revenir sur lui-même.

Pour parvenir plus sûrement à ce résultat ; avant que le piston n'ait achevé sa course, le tiroir laisse arriver un peu de vapeur du côté de la face qui se rapproche du fond du cylindre, et permet à la vapeur située du côté de l'autre face de s'écouler par le conduit *e* au condenseur D. Par ce moyen l'effet produit sur cette deuxième face tend encore à diminuer, tandis que la première vient s'appuyer sur la fin de sa course sur la petite quantité de vapeur qui vient de s'introduire, et qui forme par son élasticité, une sorte de matelas propre à amortir le choc.

Cette introduction prématurée de la vapeur s'appelle *avance à l'introduction*; et l'écoulement prématuré *avance à la condensation*. Ces deux avances dépendent de la régulation du tiroir.

La détente, dont nous avons parlé précédemment, est désignée sous le nom de *détente fixe* parce qu'elle commence toujours à agir lorsque le piston est arrivé au même point de sa course, aux 0,85, par exemple, pour fixer les idées. Le tiroir ayant été réglé à cet effet, il n'est pas au pouvoir du mécanicien d'augmenter ou de diminuer la détente, étant en marche. Mais un grand nombre de machines est aussi pourvu d'un mécanisme particulier, au moyen duquel il est possible de n'introduire de la vapeur dans le cylindre que pendant le tiers, la moitié ou les deux tiers de la course du cylindre, et cela instantanément et à la volonté du mécanicien. Ce mécanisme fournit donc une *détente variable*.

Ainsi, pour bien fixer nos idées, l'on entend par *détente de la vapeur* l'effort que cette vapeur fait continuellement pour occuper un espace plus considérable, c'est son élasticité indéfinie. Il est facile de comprendre qu'à mesure qu'elle se détend son effort diminue.

Quant à la *détente de la machine* c'est la partie du mécanisme par laquelle on opère la réduction dans l'introduction de la vapeur pendant la course du piston. *Naviguer à la détente*, c'est naviguer avec une réduction plus ou moins grande dans l'introduction de la vapeur.

Le mécanisme par lequel on opère cette réduction à volonté est aussi varié que le génie des constructeurs ; mais dans tous les cas son effet est le même que celui que produirait une personne qui fermerait le registre à vapeur R' ou le robinet R (fig. 12), lorsque le piston est arrivé au tiers, à la moitié ou au deux tiers de sa course ascendante ou descendante, le reste de cette course devant s'achever sous l'effort exercé par la détente de la vapeur. Ce dernier effet est donc à la volonté de la personne qui agit sur le robinet R ou qui règle le mécanisme de la détente ; et c'est par cette raison qu'on lui a donné le nom de détente variable.

Il y a avantage à se servir de la détente de la vapeur, parce que l'effet utile de la machine, ou la vitesse du navire, éprouve une diminution qui est moins grande que l'économie faite sur la vapeur consommée ou sur le combustible. Ainsi, un navire qui file 12 nœuds en consommant une certaine quantité de charbon, peut encore filer 8 nœuds en ne brûlant que la moitié de ce qu'il brûlait pour faire 12 nœuds. La détente variable n'est jamais employée dans le cas où le navire doit faire une traversée déterminée dans un temps donné.

Jusqu'ici nous avons parlé du piston, sans dire précisément ce que c'est ; voici en quoi il consiste. On nomme *piston* un disque métallique, dont le diamètre est égal au diamètre intérieur du cylindre. Il doit être exécuté avec assez de précision, pour que la vapeur ne puisse pas passer entre son contour et

cette surface intérieure. Pour y parvenir on forme sa gar-
niture de deux cercles superposés (fig. 16), et coupés tous
les deux en A. Ces coupures sont placées à l'opposé l'une de
l'autre, pour empêcher la vapeur de passer par leur ouverture.
Comme ces cercles sont d'un plus grand diamètre que le
cylindre, il faut les fermer de force, pour les faire entrer, et
par leur propre ressort ils se maintiennent toujours en contact
avec la surface intérieure du cylindre, malgré l'usure produite
par le frottement. Les surfaces, supérieure et inférieure, du corps
du piston, entre lesquelles sont maintenues ces garnitures,
sont légèrement convexes pour renforcer le centre du piston,
faciliter l'arrivée de la vapeur, et aussi pour diminuer la liberté des cylindres.

Au centre de ce piston P (fig. 12) est solidement fixée une
tige K en fer, en étoffe et même en acier, suivant les cas, et
qui doit être assez rigide pour résister aux efforts de flexion et
de traction qu'elle doit supporter. Cette tige sort du cylindre C
par un de ses fonds, en passant par une boîte à étoupes grasses
V. Cette étoupe presse assez la tige K du piston, pour que la
vapeur ne puisse sortir du cylindre par cette voie. C'est l'extrémité extérieure de cette tige qui imprime le mouvement au
mécanisme qui fait marcher le navire.

**12° Condenseur. — Pompe à air. — Injection. — Bâche et
tuyau de décharge.**

L'on a dit dans le § 2 que la vapeur qui a agi sur le piston
P (fig. 12) pour le faire mouvoir dans un certain sens, devait
s'écouler par l'intérieur du tiroir à coquille t et par un conduit e communiquant à cet intérieur, pour laisser à la vapeur
qui va agir sur l'autre face, la possibilité de faire mouvoir le
piston P dans le sens opposé. Dans certaines machines à haute
pression, ce conduit communique avec l'extérieur, et la vapeur
se dissipe dans l'atmosphère. Dans les machines marines, ce

conduit dirige généralement la vapeur dans un vase entièrement clos D, où cette vapeur se condense sous une injection d'eau froide passant à travers un tuyau y terminé par une cripine i i' percée d'un très grand nombre de trous. Cette eau vient de la mer et l'on a pris soin de la faire tomber en pluie au milieu de la vapeur, pour augmenter les contacts de l'eau et de la vapeur, afin que cette dernière se condense plus rapidement.

Dans certaines machines l'on a opéré la condensation par contact; mais cela n'a eu lieu, que lorsque le liquide venant de la condensation, devait être conservé sans mélange.

Comme économie de force, il y a toujours avantage à condenser la vapeur, parce que la pression dans le condenseur, et par suite sur la face du piston qui fait retour, est toujours moindre que la pression atmosphérique; tandis que lorsqu'il n'y a pas condensation cette pression est au moins égale à celle de l'atmosphère.

En consultant le manomètre du vide qui est en communication avec le condenseur, il devient facile d'évaluer la résistance qu'éprouve le piston dans son mouvement de retour et par suite de déterminer l'avantage que procure la condensation. Ainsi, le vide ordinaire ou vide moyen étant de $1/3$ d'atmosphère, l'emploi du condenseur fait gagner à la machine une puissance égale aux $2/3$ de la pression atmosphérique. En service courant, il suffit de tâter le condenseur pour voir si le vide y est bon, sa température devant être de 35° à 40°.

Quant au manomètre du vide, il est en tout semblable au manomètre de la chaudière. Lorsque la pression dans le condenseur devient plus faible que la pression atmosphérique, le tube t t' t'' (fig. 10), obéissant à cette dernière pression, se courbe davantage et fait marcher l'aiguille indicatrice. La graduation de l'arc s'est faite en comparant la position de l'aiguille à la marche de la colonne mercurielle dans un manomètre étalon à deux branches.

L'on a dit plus haut que la température du condenseur et

par suite celle de l'eau de condensation devait être de 35° à 40°.
Si la température était plus élevée ce serait une preuve que
l'eau d'injection n'arrive pas assez abondamment. Il faudrait
alors ouvrir davantage le robinet d'injection, parce que, quand
le condenseur est trop chaud, la résistance au retour du piston
est trop grande. Si le condenseur est trop froid, c'est que l'eau
d'injection est trop abondante, et il faut alors fermer le robinet
d'injection, parce que l'eau de condensation servant à alimenter
la chaudière, cette alimentation se ferait alors avec une eau
qui refroidirait trop l'eau qu'il faut vaporiser.

Nous avons vu dans le 4ᵉ § qu'il est facile de déterminer la
quantité d'eau nécessaire pour condenser une quantité de vapeur
donnée, mais il est plus simple d'opérer ici par tâtonnement.

Cette vapeur condensée, mêlée avec l'eau d'injection, finirait
par remplir le condenseur D (fig. 12), dans lequel entre aussi
l'air qui se trouve contenu dans la vapeur et dans l'eau à raison de $1/20$ de son volume; et cette partie de la machine ne
tarderait pas à produire un obstacle insurmontable au mouvement du piston P.

Pour vider le condenseur D au fur et à mesure qu'il se remplit, une pompe PP, dite *pompe à air*, est en communication avec
le condenseur, et se trouve mise en mouvement par la machine
elle-même. Cette pompe soutire du condenseur, par le clapet
de pied h, l'air et l'eau qu'il renferme, et les rejette par le clapet
de tête h' dans un récipient fermé B, appelé *bâche*, après les
avoir fait passer d'un côté à l'autre du piston, au moyen de deux
clapets, l et l'. Cette boîte est pourvue d'un tuyau de décharge
u par lequel peut s'écouler le surplus de l'eau nécessaire à l'alimentation de la chaudière.

La pompe à air que l'on vient de décrire (fig. 12) est dite à
simple effet, parce qu'elle n'enlève l'eau et l'air du condenseur
que lors de son mouvement ascendant ; le mouvement descendant servant seulement à faire passer l'eau et l'air au-dessus
du piston p', à travers les clapets l et l'.

La pompe à air est dite à *double effet*, lorsqu'elle est à la fois aspirante et foulante, et que, par suite, elle enlève l'eau et l'air du condenseur dans son mouvement d'aller et dans son mouvement de retour. Ce genre de pompe à air est représenté fig. 17. Quand le piston P', qui est plein, et qui agit dans un cylindre C' C' qui est ouvert par les deux bouts, marche de droite à gauche, il refoule l'eau contenue dans le récipient R, et la fait passer par le clapet l dans la bâche B. Pendant ce mouvement, il produit le vide sur sa droite, aspire l'eau du condenseur D et la fait passer dans le récipient R' par le clapet l'. Quand le piston P' revient de gauche à droite, il refoule l'eau dans le récipient R' et la fait passer par le clapet l'' dans la bâche B, tout en aspirant l'eau du condenseur D par le clapet l''' et la faisant entrer dans le récipient R, par suite du vide qu'il produit sur sa gauche. En sorte que, dans ce dernier mouvement de gauche à droite, les clapets l'' et l''' sont ouverts, tandis que les clapets l et l' sont fermés. Le piston P' revenant alors vers la gauche, l'effet que nous avons décrit en commençant se reproduit de nouveau, et ainsi de suite.

L'eau d'injection arrive dans le condenseur D par le tuyau y, et le trop plein de la bâche B peut s'écouler par le tuyau u.

La tige T' de cette pompe à air est implantée sur le grand piston P, et se meut avec lui; sa course est alors égale à celle de ce piston. Dans les pompes à air à simple effet, leur course est ordinairement moindre que celle du piston P, et le mouvement leur est donné par le balancier, dans les machines pourvues de cet organe, et, dans les autres machines, par un villebrequin ou coude pratiqué sur l'arbre de couche dont nous parlerons bientôt.

13° Pompes alimentaires.

L'on entend par *pompe alimentaire* toute pompe destinée, comme nous l'avons déjà dit, à entretenir dans la chaudière le niveau de l'eau, qui tend constamment à baisser, par suite de la vaporisation, des extractions et des fuites. Ces pompes, qui sont mues par la machine elle-même, sont calculées de manière à fournir à la chaudière plus d'eau qu'il ne lui est nécessaire pour l'entretien du niveau. Quant à l'eau que ces pompes déversent dans la chaudière, elles la puisent dans la bâche B du condenseur D (fig. 12 et 17). Cette eau est préférable à toute autre pour l'alimentation, d'abord parce qu'elle possède déjà une température qui varie entre 35° et 40°; et ensuite parce qu'étant un mélange d'eau de mer et de vapeur qui ne renferme pas de sel, elle a un degré de salure moindre que celui de l'eau de la mer.

La figure 18 représente la coupe d'une pompe alimentaire et de sa boîte, d'après l'un des systèmes les plus usités. La boîte alimentaire AA' est divisée en trois parties m, m', m'', qui, communiquent entre elles par les clapets c', c''. Cette boîte fait suite au corps de pompe BB', dans lequel se meut le piston plongeur P. Quand ce piston se meut vers la droite, il fait le vide dans la partie m de la boîte alimentaire, l'eau de la bâche soulève alors le clapet d'aspiration c et remplit ce compartiment. Quand le piston P revient vers la gauche, il refoule cette eau, qui ferme le clapet c, ouvre le clapet c' et passe par le tuyau T dans la chaudière; et ce double effet se reproduit à chaque allée et à chaque retour du piston P. Quand l'eau est à son niveau normal dans la chaudière, l'on ferme le robinet R, et la pompe ne continue pas moins à fonctionner. L'eau refoulée dans le compartiment m, n'ayant plus d'issue par le clapet c' et le tuyau T, soulève le clapet c'' passe dans le compartiment m'' et de là est envoyée dehors au moyen d'un tuyau T', qui a son origine dans ce compartiment. Tant que le robinet R était ouvert le clapet c'' ne s'ouvrait pas, parce qu'étant chargé d'un poids p, il offre plus de résistance que le clapet c'.

Lorsque l'on veut arrêter le jeu de la pompe alimentaire, il suffit de desserrer la vis V qui fixe la tige K au piston P, et alors cette tige K pourra aller et venir dans le piston lui-même sans le mettre en mouvement.

Outre la pompe alimentaire dont on vient de parler, les machines sont encore pourvues d'une autre pompe alimentaire, appelée *petit cheval*, parce qu'elle a sa force particulière qui est
parfois indépendante de la machine. Le petit cheval, en effet,
(fig. 19) est une machine à vapeur complète; elle reçoit la vapeur
directement par le tuyau F, et cette vapeur, qui vient de la chaudière qui lui est propre, ou de la chaudière de la machine, fait
agir le piston P du cylindre C, au moyen du jeu du tiroir t. Ce
tiroir t, mu par un excentrique E, laisse la vapeur passer de la
boîte à tiroir T, et par les conduits ordinaires o et o', au-dessus
et au-dessous du piston P; et, une fois son effet produit, la laisse
évacuer dans l'atmosphère, la cheminée ou le condenseur par
l'orifice e. La tige K de ce piston fait mouvoir le piston plongeur P' dans le cylindre C'. Ce piston P', dans son mouvement
d'ascension, aspire l'eau par le tuyau de droite, où se trouve
le clapet d'aspiration a; et, dans son mouvement de descente
refoule l'eau par le tuyau de gauche, où l'on voit le clapet de
refoulement r. Enfin, un volant V sert à régulariser le mouvement et à aider le piston à dépasser les *points morts*, c'est-à-
dire les positions extrêmes dans lesquelles la tige K et la manivelle MM' ont la même direction, soit qu'elles se recouvrent
mutuellement, soit, comme dans la figure, qu'elles se trouvent
dans le prolongement l'une de l'autre. Dans l'une ou l'autre
de ces positions, l'effort du piston, transmis par la tige K à la
manivelle MM', ne tend à faire tourner celle-ci ni dans un sens
ni dans l'autre.

Remarquons en passant que, pour que la manivelle MM' puisse
tourner, tout en laissant la tige K dans une position constante,
il faut que oo' soit un coulisseau dans lequel la barette de la
manivelle puisse prendre un mouvement en avant ou en arrière
à mesure que cette barette monte et descend. Elle décrit donc
un cercle qui est dessiné dans la figure 19 *bis*, où le coulisseau
oo' est vu de face.

Pour compléter le système d'alimentation, dont l'importance
est très grande, l'on a encore les pompes à bras.

Lorsqu'il n'y a pas de pression dans la chaudière, si le petit cheval n'a pas sa chaudière propre, il devient lui-même une pompe à bras que l'on peut faire mouvoir avec une bringuebale.

14° Organes de transmission de mouvement. — Mise en train.

Nous vons vu § 5, que l'origine du mouvement de toute la machine est le mouvement alternatif du piston, lequel est transmis par un certain nombre d'organes aux propulseurs. Le 1er organe auquel ce mouvement est transmis, est la tige du piston ; cet organe est commun à tous les systèmes, mais à partir de celui-là les autres varient de forme et même de nombre, suivant les différents systèmes de machines. Ainsi, dans les machines à balanciers, que nous décrirons en détail au § 20, le mouvement de la tige est communiqué, d'abord, aux deux extrémités des deux balanciers, au moyen de bielles pendantes. Les deux extrémités opposées des balanciers sont réunies par une traverse au milieu de laquelle est articulée une autre bielle qui agit sur la manivelle de l'arbre pour le faire tourner.

Dans les systèmes sans balanciers, qui sont actuellement plus en usage et que l'on nomme à *connexion directe*, l'organe de transmission du mouvement du piston à l'arbre de couche, varie suivant que la machine est à cylindres oscillants, ou à cylindres fixes.

Dans le cas des cylindres oscillants (fig. 5), la tige T du piston est directement articulée sur la manivelle M de l'arbre de couche A. Cette tige T, qui est toujours perpendiculaire aux bases du cylindre B et B', devant suivre la manivelle M dans son mouvement de rotation autour de l'arbre A, force le cylindre C à s'incliner à droite et à gauche, c'est-à-dire à osciller autour des tourillons O. Ce tourillon O et son opposé étant les deux seules parties du cylindre qui ont de la fixité, il en résulte que l'introduction de la vapeur dans le cylindre a lieu par l'un de ces tourillons au moyen du tiroir, et que l'évacuation a lieu par l'autre tourillon après que la vapeur a parcouru un conduit qui est appliqué contre le cylindre C.

Dans les machines à cylindres fixes (fig. 6), la tige T du piston P conservant une direction constante, ne pourrait suivre la manivelle M dans son mouvement de rotation autour de l'arbre A. L'on a dans ce cas ajouté un organe intermédiaire entre la tige T du piston et la manivelle M. Il consiste en une bielle B articulée sur ces deux organes et qui incline à droite et à gauche, tantôt poussant et tantôt tirant la manivelle M pour la faire tourner. Pour assurer la constance de la direction de la tige T du piston, le sommet de cette tige est assujétie à se mouvoir dans des glissières G G' (fig. 6 *bis*).

Pour diminuer le nombre des organes, tout en conservant la fixité des cylindres, M. Penn a remplacé la tige du piston par un fourreau A (fig. 7), dans lequel oscille la grande bielle B qui est articulée d'un côté au centre commun du piston P et du fourreau A et de l'autre à la manivelle M de l'arbre de couche A. Ces machines, dites à *fourreau*, ont l'inconvénient pour un même diamètre de cylindre de présenter à la vapeur une moins grande surface de piston, et, par conséquent, de développer moins de force. Un autre inconvénient de ce système est que le fourreau A ayant une longueur double de celle du cylindre C, et par suite sortant en grande partie de ce cylindre à chaque oscillation du piston P, se refroidit pendant le temps qu'il est dehors, et opère à sa rentrée la condensation d'une certaine quantité de la vapeur comprise entre sa surface extérieure et la surface intérieure du cylindre C.

Le mouvement de l'arbre de couche A, est, comme nous l'avons dit § 2, communiqué au tiroir t (fig. 12) au moyen d'un organe particulier appelé *excentrique*. L'on nomme ainsi, un disque circulaire d'un plus grand rayon que l'arbre de couche A, et monté sur cet arbre de manière que sa circonférence enveloppe celle de l'arbre, et que son centre soit éloigné de celui de l'arbre de la moitié de la grandeur que doit avoir le mouvement de va et vient qu'il doit produire. L'excentrique fait lafonction d'une manivelle et la remplace avec avantage quand l'effort à produire n'est pas considérable, parce qu'il ne nécessite pas la coupure de l'arbre comme la manivelle.

Ce disque circulaire Q, nommé *chariot de l'excentrique*, tourne à frottement doux autour de l'arbre A″, jusqu'à ce que l'un des deux tocs ou taquets z et z′ qui appartiennent au chariot, et qui font saillie, vienne à rencontrer le butoir a qui est fixé sur l'arbre de couche A″. Ces deux tocs z et z′ sont disposés l'un pour la marche en avant et l'autre pour la marche en arrière.

Le chariot Q est entouré d'un collier qui tourne aussi à frottement doux autour du chariot, mais sans toc qui l'arrête dans son mouvement. Enfin, à ce collier est fixée une bielle E qui par son extrémité agit sur le bras de levier V de la mise en marche. Ce bras de levier par son mouvement autour du point H élève ou abaisse le tiroir t dont le poids est contrebalancé par la masse X.

Si maintenant l'on suppose que l'arbre A″ tourne sur son axe, il tournera seul jusqu'à ce que l'un des tocs z ou z′ rencontre le butoir a de cet arbre. A cet instant, le chariot de l'excentrique sera entraîné par le mouvement de l'arbre, son centre décrira une circonférence autour de l'axe de l'arbre A″ et sa circonférence, dont les différents points sont à des distances inégales de cet axe imprimera à son collier, qui ne peut tourner avec elle, et par suite à la bielle E, un mouvement de va et vient qui est précisément celui qui convient au tiroir. Quant à lui, il le recevra par l'intermédiaire du levier coudé V H H′ tournant au tour du point H.

La mise en train que l'on vient de décrire, se nomme *mise en train à levier*. Pour les machines à connexion directe, il en est une autre d'un mécanisme moins simple, mais d'un usage plus commode et plus prompt, en ce qu'elle agit sur les deux machines à la fois. Cette mise en train est connue sous le nom de son inventeur Stephenson et voici en quoi elle consiste. Au lieu de n'avoir qu'un seul chariot qui peut se mouvoir sur

4

l'arbre A″ dans les limites circonscrites par les tocs, la mise en train Stephenson se compose de deux chariots Q et Q′ clavetés sur l'arbre A (fig. 17) et, par conséquent, fixes par rapport à lui. Chacun de ces chariots est muni d'un collier tournant aussi à frottement doux, et chacun de ces colliers est lié à une bielle E ou E′. Ces bielles vont aboutir aux deux extrémités d'un arc évidé S S′, lequel forme avec les bielles E et E′ une figure de géométrie appelée secteur, d'où vient que cet excentrique porte le nom de *secteur de Stephenson*.

Cet arc évidé S S′ est soutenu dans son milieu O par un levier articulé L K L′ O dans lequel l'angle L K L′ est seul constant de forme et de position. L'on peut agir sur ce levier au moyen de la tringle G. Dans la partie évidée de l'arc S S′ du secteur glisse un coussinet I auquel est assujétie la manivelle M d tournant autour du point fixe M. Le coussinet I peut aller d'une extrémité à l'autre de l'arc évidé suivant que l'on soulève ou que l'on abaisse le secteur en agissant sur la tringle G au moyen de la roue de mise en train H. Il en résulte que le coussinet I se trouve répondre à l'extrémité de la bielle E pour la marche en avant; ou à l'extrémité de la bielle E′ pour la marche en arrière.

Le coussinet I agissant sur l'une des extrémités I du levier I d qui a pour point d'appui M, fait mouvoir à droite et à gauche l'autre extrémité ou doigt d qui commande à la tige t du tiroir, et imprime ainsi au tiroir un mouvement de va et vient qui permet à la vapeur contenue dans la boîte B′ de passer alternativement par le conduit O et par le conduit O′.

Quand le coussinet I est au milieu du secteur vis-à-vis le point de suspension O, les deux bielles E et E′ se contrariant mutuellement, il en résulte que le point I reste immobile, et qu'il en est de même du levier I M d du doigt d, et par suite du tiroir qui est alors à mi-course.

Si l'on réfléchit sur ce qui a été dit au commencement de ce §, l'on s'apercevra que le mouvement du piston dépend du mouvement du tiroir et par suite de celui de l'arbre de couche;

et que le mouvement du tiroir et de l'arbre de couche dépend du mouvement du piston. La machine ne peut donc pas prendre d'elle-même le mouvement, et il faut ce qu'on appelle la *mettre en train.*

Dans le cas où son excentrique est simple (fig. 12), il faut ouvrir le registre R' du conduit à vapeur F, déclancher la bielle E de l'excentrique Q, et au moyen du levier V H faire monter ou descendre le tiroir *t* pour introduire la vapeur sur la face du piston P qui doit être repoussée, pour imprimer le mouvement dans le sens convenable à l'arbre de couche A''.

Lorsque l'on a fait ainsi à force de bras, monter et descendre plusieurs fois le tiroir *t*, et que le mouvement est imprimé à l'arbre A'', l'on enclanche de nouveau la bielle E de l'excentrique avec le bouton qui est en V sur la manivelle du tiroir, et le mouvement se continue.

Dans le cas de l'excentrique double de Stephenson S Q Q' S' (fig. 17), une roue à manettes fait tourner le pignon H qui entraîne la tringle G, avec laquelle ce pignon engrène. Cette tringle, par le moyen du levier coudé L K L', soulève ou abaisse le secteur A S S' et fait répondre le coussinet I à l'une ou à l'autre bielle. Dans ce mouvement du coussinet I, le tiroir *t* qui était à mi-course, glisse dans la boîte B' et découvre l'un des orifices O ou O'. Alors le registre R'' ayant été ouvert, la vapeur se précipite contre l'une des faces du piston P, et le mouvement commence pour continuer sans interruption.

Dans la mise en marche que l'on vient d'expliquer, l'on a supposé tacitement que la machine avait marché peu de temps auparavant, et qu'elle venait d'être stoppée, ce qui s'était effectué en fermant d'abord le registre de la vapeur, et déclanchant la bielle de l'excentrique, s'il était simple (fig. 12); ou en mettant le coussinet I à répondre au milieu de l'arc évidé S S' (fig. 17) dans le cas de l'excentrique de Stephenson.

Mais si la machine n'avait pas encore marché, il y aurait d'autres soins à prendre. L'on commencerait d'abord par remplir la chaudière en ouvrant le robinet d'extraction R (fig. 8).

La chaudière étant généralement au-dessous du niveau de la flottaison, du moins en partie, l'eau s'introduira dans la chaudière jusqu'à ce que son niveau à l'intérieur soit le même que son niveau à l'extérieur, ayant eu le soin d'ouvrir les soupapes pour que la pression de l'air renfermé dans la chaudière ne s'oppose pas à l'entrée de l'eau. Si la chaudière tout entière est au-dessous du niveau de la flottaison, il faudra veiller au tube de niveau *t* et fermer le robinet d'introduction R lorsque l'eau sera près d'atteindre le milieu du tube; la dilatation produite par l'échauffement devant la faire arriver à ce milieu. Mais si le niveau normal de la chaudière est au-dessus du niveau de la flottaison, ce dernier niveau ayant été atteint dans la chaudière au moyen du robinet R, l'on fermera ce robinet et l'on achèvera le plein de la chaudière avec la pompe à bras. Les feux ayant été ensuite allumés et poussés jusqu'à ce que le manomètre accuse la pression voulue; l'on introduit la vapeur dans la boîte à tiroir T (fig. 12) et le cylindre C. Ouvrant ensuite le robinet de purge *r*, qui fait communiquer la boîte à tiroir T au condenseur D, on fait passer la vapeur par le condenseur, la pompe à air P, et on la laisse s'échapper par la soupape de purge ou reniflard R″. Cette manœuvre a pour but de chasser l'air et l'eau qui peuvent se trouver dans ces différents réservoirs; et aussi d'échauffer le cylindre C et le tiroir T *t* dont le froid condenserait la vapeur, et nuirait aux premiers mouvements de marche si l'on n'avait pas eu cette précaution.

La machine étant ainsi purgée, et le manomètre accusant la pression de marche, il devient possible de marcher immédiatement; mais il convient toujours avant de l'entreprendre de *balancer la machine*, c'est-à-dire de s'assurer que tout est en état de bien fonctionner. Pour cela, on fait faire à la machine quelques tours en avant, et quelques tours en arrière en ouvrant le robinet du tuyau d'injection, afin de s'assurer que cet organe n'est pas obstrué.

Dans les machines à moyenne et à haute pression, il n'est pas aussi indispensable de purger que dans les machines à basse pression; car leur excédant de pression sur celle de l'atmosphère peut suffire pour entraîner les pistons. Cependant il convient toujours de le faire, afin d'avoir immédiatement à sa disposition toute la puissance que peut développer la machine.

Quand il faut changer de marche, c'est-à-dire aller d'en avant en arrière, ou réciproquement, il faut toujours stopper d'abord, et changer ensuite. En voulant renverser immédiatement la vapeur, l'on s'exposerait à faire des avaries dans la machine, parce que le piston lancé dans un certain sens, exercerait un trop grand effort sur sa tige et sur les autres parties de la machine pour revenir brusquement dans le sens opposé.

15° Arbre de couche. — Ses manivelles et ses paliers.

L'*arbre de couche*, dont nous avons déjà plusieurs fois prononcé le nom, est un cylindre en fer forgé et tourné, d'un diamètre plus ou moins fort, suivant la puissance de la machine. C'est sur cet arbre qu'agit le piston, par l'intermédiaire de sa tige seulement, dans les machines à fourreau; et dans les autres genres par l'intermédiaire de sa tige et d'une bielle. C'est aussi sur lui que sont fixés les propulseurs, roues à aubes ou hélices. Cet arbre est ordinairement formé de plusieurs parties, dont l'ensemble A′ A A″ (fig. 20), forme ce que l'on appelle *la ligne d'arbre*. Celle de ces parties A qui est tout entière en dedans du navire se nomme *arbre intérieur*; il porte les excentriques qui donnent le mouvement aux tiroirs et quelquefois aussi le *villebrequin* ou coude, qui donne le mouvement au piston de la pompe à air. Les autres parties A′ et A″ qui sortent en partie du navire, se nomment *les arbres extérieurs* et portent les propulseurs.

Les extrémités de ces arbres, qui sont en regard les unes des autres, ont des manivelles M, M′ qui sont reliées par des *tourillons* ou *soies* S, S, sur lesquels sont articulées les tiges des pistons ou les bielles. Les manivelles des deux machines qui agissent sur l'arbre A' A A" sont à angle droit, l'une par rapport à l'autre; afin que l'une soit à son maximum d'action, quand l'autre arrive à l'un de ses points morts.

Cette ligne d'arbres, dont les différentes parties sont solidaires les unes des autres, supportant tout l'effort du travail moteur, et du travail résistant, doit être solidement fixée, soit sur les bâtis de la machine, soit sur les carlingues du navire, au moyen de forts paliers pour la partie qui est en dedans du navire et de chaises pour les parties extérieures.

Les *paliers* (fig. 21) sont des encastrements composés de trois parties. La 1re P P' appelée *corps du palier* est une pièce en fonte de fer fixée sur les bâtis; la 2me se compose de deux coussinets en bronze a c b et a c' b, entre lesquels tourne l'arbre; et la 3me est le *chapeau* A A' qui est fixée au corps du palier par de forts boulons, et maintient l'arbre entre les coussinets. Au centre du chapeau est un trou destiné à recevoir le godet graisseur qui conduit l'huile entre l'arbre et les coussinets, au moyen de rainures ou d'araignées, pour adoucir le frottement. Le fond du godet est occupé par du coton pour épurer l'huile et s'opposer au passage de substances qui pourraient rayer l'arbre et les coussinets en s'introduisant entre eux.

16° Roues à aubes. — Démonter et remonter les aubes à la mer.

L'on entend par *propulseurs*, la partie du mécanisme dont la poussée sur l'eau a pour effet de faire marcher le navire dans un sens ou dans l'autre. Les propulseurs en usage sont les roues à aubes et l'hélice. Quand le propulseur est la roue à aubes, l'arbre de couche est fixé en travers du navire, et supporte à ses deux extrémités extérieures deux roues garnies d'aubes ou de pales. Ces roues, qui ne sont immergées qu'en partie, tournent avec l'arbre de couche A'A A" aux extrémités duquel elles sont clavetées en L et en L'. L'impulsion des aubes sur l'eau force le navire à se mouvoir dans la direction de sa quille pour avancer ou reculer, suivant le sens du mouvement qui est imprimé aux roues. Si l'eau était complétement résistante, il arriverait ce qui arrive à une voiture, c'est que le chemin parcouru par le navire serait égal à la longueur de la ligne décrite par un point de la circonférence extérieure de la roue ; mais l'eau, obéissant à l'impulsion qu'elle reçoit, cède à son effort et le navire ne parcourt qu'une partie de la longueur de cette ligne. Dans les meilleures conditions, on a reconnu que la vitesse du navire était les $^2/_3$ de la vitesse de la circonférence extérieure de la roue.

Les différents points des aubes décrivent des circonférences de rayons différents, et dont la vitesse est d'autant plus petite que le point considéré est plus près de l'axe de l'arbre. Parmi toutes ces circonférences, il en est une dont la vitesse est précisément égale à celle du navire. Cette circonférence, qui porte le nom de *cercle roulant*, doit toujours être tout entière au-dessus de la ligne de flottaison.

Les aubes ou pales, dont nous parlons ici, sont ordinairement fixées à demeure sur les rayons des roues par des crochets à écrou, et sont composées d'une ou de plusieurs parties. Quand l'aube est formée de trois parties, deux sont placées d'un même côté des rayons auxquels elle est attachée, et la troisième, celle du milieu, est fixée de l'autre côté des mêmes rayons. Cette disposition vient de ce que l'on a reconnu par expérience, qu'une surface qui se meut normalement dans l'eau, éprouve une résistance plus grande de la part de cette eau, si l'on vient à percer cette surface d'un certain nombre de trous livrant passage au liquide ; à la condition, toutefois, que la partie pleine ait une surface plus grande que la partie évidée.

En examinant ce qui se passe dans les deux cas, il est, je crois, possible de rendre compte de cette espèce d'anomalie. Quand la surface est pleine, elle repousse l'eau par toute son étendue ; et cette eau, repoussée, tend à s'échapper par les bords de la surface, en prenant un mouvement d'une direction opposée à celle que suit la surface, et cela, pour venir combler le vide que cette surface fait derrière elle. L'eau qui avoisine les bords de la surface, entraînée par celle qui passera de l'autre côté, oppose donc, au mouvement de cette surface, une résistance plus grande que celle qui répond à la partie centrale. D'après cela, en perçant la surface d'un certain nombre de trous, l'on augmente l'étendue des bords, en diminuant, il est vrai, l'étendue de la surface; mais il est possible de comprendre que la première cause ait, dans certaines limites, plus d'influence pour la résistance que ne peut en avoir la seconde.

Il serait, au reste, facile d'étudier expérimentalement l'influence que peut avoir l'étendue du périmètre dans la résistance qu'éprouve une surface se mouvant normalement dans un liquide. Il suffirait d'apprécier au dymanomètre la résistance donnée par des surfaces équivalentes, mais de périmètres différents.

L'effet utile des aubes étant d'autant plus grand que leurs positions dans l'eau se rapprochent davantage de la direction verticale, on les monte quelquefois de manière qu'elles soient mobiles autour d'un axe. Dans ce cas, elles sont commandées par un levier qui reçoit son mouvement d'un excentrique monté sur l'arbre, mais ne tournant pas avec lui. Cet excentrique, faisant pivoter les aubes autour de leur axe, les maintient dans une position très rapprochée de la position verticale, pendant tout le temps qu'elles sont plongées dans l'eau. Mais, ce système de montage offrant moins de solidité que celui dans lequel les aubes sont fixés, est aussi beaucoup moins employé que ce dernier.

Quand le navire marche à la voile, et sans le secours de la vapeur, les aubes des roues font obstacle à la vitesse du navire, et il convient alors de les démonter. Pour cela, l'on ferme le registre de la vapeur, l'on met le tiroir à mi-course, l'on déclanche l'excentrique s'il est simple, et l'on fait bosser les roues devant et derrière. Quand les roues sont bien assujetties, et qu'il n'y a plus de crainte qu'elles puissent tourner, les hommes vont dans les roues, dévissent les écrous qui maintiennent les aubes sur les rayons, et on les rentre à bord, en ayant soin de les numéroter.

Lorsque l'on a démonté les aubes qui sont hors de l'eau, tous les hommes rentrent à bord, et l'on fait tourner les roues, pour faire sortir de l'eau les autres aubes, pour lesquelles l'on peut agir comme pour les précédentes. Il suffit, du reste, de démonter la moitié des aubes, en ayant soin de maintenir hors de l'eau la partie des roues pour laquelle on n'a pas opéré le démontage.

Quand il faut remonter les aubes, l'on prend les mêmes précautions que précédemment et l'on remet les aubes aux places mêmes d'où on les avait tirées, ayant soin de serrer fortement les écrous.

Pour faciliter ce travail, il convient de mettre le navire en panne ou du moins de ne faire que petite route.

L'on doit prendre les mêmes précautions lorsqu'il s'agit de rapprocher ou d'éloigner les aubes du centre des roues, suivant que le navire est en surcharge, ou qu'il est lège.

Au lieu de démonter les aubes, lorsque l'on veut marcher à la voile, l'on se contente quelquefois, et surtout lorsque la mer est grosse, d'affoler les roues lorsque l'arbre de couche est installé pour opérer cette manœuvre. Mais, le plus ordinairement, l'on ne peut user de ce procédé, l'usage ayant fait abandonner les différents systèmes mis à l'épreuve, systèmes qui n'ont pu jusqu'ici réunir la solidité à la facilité d'affoler et de désaffoler les roues.

Pour bien comprendre en quoi consiste ce procédé, rappelons qu'une roue est *folle* sur un arbre quand elle peut tourner sur elle-même sans que l'arbre tourne ; ou, encore, lorsque l'arbre tournant elle peut rester immobile. Au contraire, une roue est fixe quand elle participe forcément au mouvement ou au repos de l'arbre sur lequel elle est montée. Il en est de même des roues à aubes des bateaux à vapeur, à cette différence près que l'affolement ou la fixité étant relative à la machine, se pratiquent, en rendant indépendants ou solidaires les arbres extérieurs qui portent les roues, et l'arbre intérieur sur lequel agissent les tiges des pistons par le moyen des manivelles.

S'il devient cependant indispensable d'affoler les roues, il n'y a d'autre procédé à suivre que celui d'affoler la machine elle-même, en ouvrant les trous d'homme des condenseurs et des chaudières; ou bien encore de déclaveter les grandes bielles, ce qui affolera l'arbre de couche. Ce dernier procédé, qui est plus avantageux que le précédent en ce qu'il ne met pas les pistons en mouvement, est plus difficile à pratiquer que le premier.

Quand les roues sont affolées par l'un des procédés que nous venons d'indiquer, l'on conçoit qu'elles se mettront à tourner sous l'impulsion de l'eau, et par suite, offrant peu de résistance elles ne nuiront pas d'une manière bien sensible à la vitesse du navire.

Quand on est mouillé en rivière, avec un fort courant, il convient d'affoler l'arbre ou la machine pour ne pas la fatiguer.

17° Différents systèmes d'hélices. — Emmanchement de l'hélice avec son arbre. — Butée. — Hélices fixes et hélices folles. — Puits et appareils de remontage.

L'on appelle *hélice* la surface engendrée par une ligne tournant autour d'une autre appelée *axe*, tout en glissant le long de cette autre ligne. La surface hélicoïdale est la plus simple possible, lorsque l'axe et la génératrice sont des lignes droites et que l'angle qu'elles forment entre elles est constant. Il est facile de se rendre sensible ce genre de surface, en exécutant soi-même le double mouvement de la génératrice au moyen de deux règles dont l'une représentera l'axe de l'hélice. La règle génératrice engendrera une surface analogue au filet d'une vis, mais avec un développement beaucoup plus considérable. L'on appelle *pas de l'hélice*, la partie de l'axe comprise entre deux positions de la génératrice, lorsque cette ligne à fait une révolution complète ; et *diamètre* de l'hélice, le diamètre du cercle que décrirait l'extrémité de la génératrice, si elle ne glissait pas le long de l'axe. Sa *longueur* est la partie de l'axe comprise entre les deux positions extrêmes de la génératrice.

Dans l'emploi que l'on fait de l'hélice à la propulsion des navires l'on n'emploie qu'une partie de la surface engendrée par la révolution complète de la génératrice, $^1/_5$ $^1/_4$ $^1/_5$ et quelquefois moins. L'on a agi ainsi pour diminuer la longueur de l'hélice ; mais afin d'augmenter la surface qui s'appuie sur le liquide, l'on a monté sur la même longueur d'axe un certain nombre de parties hélicoïdales et l'on a donné à chacune d'elles le nom d'*ailes* ou *branches*.

Le fractionnement de la partie hélicoïdale en plusieurs ailes n'a pas eu seulement pour résultat la diminution de la longueur de l'hélice, mais il en est résulté qu'à surface égale la surface fractionnée avait plus de puissance que la surface continue. Ceci a une grande analogie avec la surface percée dont nous avons parlé dans le § précédent, ou avec les aubes fractionnées. Mais il faut remarquer, en outre, que chaque aile n'agit pas sur la même partie de l'eau que celle sur laquelle a agi l'aile qui la précède, elle agit au contraire sur une partie qui a de la tendance à revenir vers le navire et elle trouve par ce fait un point d'appui plus résistant. Il n'en est pas de même quand la surface hélicoïdale est continue. C'est ici, comme précédemment, une question de remous.

Quand on emploie ce genre de propulseur, l'arbre de couche est élongé dans le sens de la longueur du navire ; il en sort en traversant le premier étambot, et vient porter sur un deuxième qui lui sert de point d'appui. C'est entre ces deux étambots que se trouve placée l'hélice, qui a pour axe, l'axe même de la partie extérieure de l'arbre de couche. Cet arbre tournant avec une grande rapidité, les ailes de l'hélice s'introduisent dans l'eau, comme une vis dans son écrou, et tendent à la repousser. L'eau, en vertu de son inertie, résiste à cette impulsion et forme un point d'appui qui force l'hélice à se mouvoir et à entraîner avec elle le navire auquel elle est fixée.

Si l'eau ne se déplaçait pas sous l'impulsion des ailes de l'hélice, il arriverait que le navire marcherait d'une quantité égale à la longueur du pas toutes les fois que l'hélice ferait un tour entier ; mais à cause de la mobilité de l'eau, le déplacement du navire est ordinairement moindre que la longueur du pas par chaque tour d'hélice, et la différence de ces deux longueurs est le *recul* de l'hélice.

Les hélices sont à 2, 3, 4, 5, 6 ailes. Celles à deux ailes ont l'avantage de présenter moins de résistance, lorsque l'on marche à la voile et sans se servir de la vapeur, si l'on a le soin de placer les ailes dans le sens des deux étambots. Elles ont encore l'avantage d'exiger un puits moins large lorsqu'elles peuvent être remontées.

Les autres hélices ont sur celle-ci l'avantage d'une impulsion plus puissante, et de moins ébranler l'arrière du navire ; ébranlement qui en hâte la destruction, trépidation qui est fort incommode pour le personnel du navire.

L'hélice *Sollier*, qui se compose de quatre ailes pouvant se fermer et s'ouvrir comme une paire de ciseaux, réunit les avantages que l'on trouve dans les hélices à deux et à quatre ailes.

Il en est à peu près de même de l'hélice *Mangin* qui se compose de deux ou plusieurs paires d'ailes, situées les unes devant les autres. Cette hélice paraît produire à peu près le même effet que si les ailes étaient mises en croix.

Il y a encore l'hélice *Vergnes* dont les faces sont garnies de cannelures ou barrettes. Ces cannelures ont pour effet de contrarier le glissement de l'eau le long des ailes et d'augmenter l'effort d'impulsion dans le sens de la quille. Les cannelures paraissent aussi avoir diminué, les trépidations qu'occasionne toujours l'hélice.

Les emmanchements les plus usités sont ceux à clavettes, à hexagone et à té ou à machoires.

Dans le premier cas, le moyeu de l'hélice est claveté sur l'arbre comme le sont les moyeux des roues à aubes.

Dans le deuxième cas, l'extrémité de l'arbre est façonnée en tronc de pyramide hexagonale, et s'introduit dans une cavité semblable ménagée dans le moyeu de l'hélice.

Dans le troisième cas, le bout de l'arbre intérieur porte un té ou rainure saillante qui s'emmanche entre les deux mâchoires de l'arbre de l'hélice. Ce système qui offre le plus de commodité, est aussi le plus usité.

Pour que l'effort de l'hélice se communique au navire, il faut que cette hélice ait un point d'appui sur quelque partie du navire. Ce point d'appui se nomme *butée* et prend des formes différentes, suivant que la machine est à engrenage ou à mouvement direct.

Quand la machine est à engrenage, la butée est à rondelles. L'extrémité de l'arbre A qui porte l'hélice (fig. 22) est terminée par une surface convexe en acier trempé $a\,b$ qui vient s'appuyer sur une autre $c\,d$ de même métal et de même forme pour que le frottement soit moins grand. Cette deuxième surface $c\,d$, peut tourner dans une boite B qui renferme, en outre, un certain nombre de disques ou rondelles qui sont alternativement en bronze et en fer. Ces rondelles peuvent aussi tourner dans la boite que l'on maintient toujours remplie d'huile pour faciliter leur mouvement dans le cas où il y aurait adhérence entre les deux surfaces convexes $a\,b$ et $c\,d$. Lorsque l'usure a déterminé un jeu trop grand entre le bout de l'arbre A et la boite B, l'on rapproche la boite de l'arbre au moyen de coins.

Lorsque l'hélice tourne de manière à faire culer le navire, son arbre vient s'appuyer sur une butée analogue à la première et fixée dans le deuxième étambot.

Quand la machine est à mouvement direct, l'arbre A qui porte l'hélice, faisant partie de la ligne d'arbres, ne peut avoir une butée à rondelles. Dans ce cas, l'on emploie la butée à collets. Voici en quoi consiste ce genre de butée : L'arbre A

porte un certain nombre de collets c c' c'' (fig. 23), au nombre
de six à huit, pour répartir la résistance sur une plus grande
surface. Ces collets emboîtent dans un palier contenant autant de cannelures que l'arbre a de collets. Le chapeau du
palier contient aussi les mêmes cannelures, et lorsque l'arbre
est saisi dans ce palier qui est fortement assujéti au navire,
il ne peut plus prendre de mouvement dans le sens de sa longueur sans entraîner le navire avec lui. Cette butée agit également pour la marche en avant et pour la marche en arrière
dans le cas des hélices fixes. Lorsque l'hélice est amovible,
le deuxième étambot est muni d'une butée pour la marche en
arrière.

Quand le navire marche sans le secours de la vapeur, l'hélice devient comme les roues un obstacle à la vitesse. Pour
diminuer cet obstacle, on affole l'hélice en la rendant indépendante à la machine. Cette indépendance s'obtient au moyen
d'un *embrayeur*, sorte de manchon qui rend l'arbre de la machine et l'arbre de l'hélice solidaires l'un de l'autre; ou qui
laisse au 2e toute son indépendance lorsqu'on repousse le
manchon sur l'un des deux arbres au moyen d'un levier.

Lorsque l'hélice ne peut être affolée, si elle est à 2 ailes
seulement, il faut alors placer les 2 ailes dans la direction des
deux étambots pour diminuer la résistance;si l'hélice a plusieurs
ailes, ce qui semble être le mieux à faire, est, comme nous l'a-
vons déjà dit, d'affoler la machine ou la ligne d'arbres en décla-
vetant les grandes bielles.

L'hélice nuisant toujours à la vitesse du navire, lorsqu'elle
ne fonctionne pas, l'on a imaginé de s'en débarrasser dans
cette circonstance. A cet effet, l'on a pratiqué à l'arrière du
navire et précisément au-dessus de l'hélice, un puits dans lequel
on remonte l'hélice lorsqu'elle ne doit pas servir. L'hélice est
alors portée par ses tourillons dans un cadre qui peut monter
ou descendre le long des deux étambots, guidé par des glissières à crémaillères fixées le long du puits. La manœuvre de
remontage ou de descente de l'hélice s'opère quelquefois au

moyen d'une aussière qui fait dormant dans la partie arrière du puits, passe dans une poulie fixée au haut du cadre, et dont le courant est garni au cabestan.

Si l'hélice a 2 ailes, il est évident qu'avant de monter ou descendre l'hélice, ses ailes doivent être placées verticalement, et retenues dans cette position par un stoppeur.

18° Entretien de la machine et des chaudières. — Soins à prendre au port et à la mer. — Approvisionnements et rechanges.

Nous dirons très peu de chose relativement à l'entretien de la machine qui doit toujours être tenue parfaitement propre dans toute ses parties, et, de plus, être en état de fonctionner immédiatement.

Quand le navire arrive au port, il faut avoir le soin d'essuyer toutes les pièces de la machine pendant qu'elles sont encore chaudes, visiter chaque partie en détail, pour faire exécuter les réparations qui peuvent être nécessaires, et couvrir toutes les articulations et les parties où il y a frottement, pour empêcher l'introduction des poussières et autres corps étrangers.

Les chaudières ont dû être vidées et refroidies lentement pour éviter les déchirements que pourrait éprouver la tôle; et l'ébranlement des rivets, par suite d'un refroidissement subit et réparti inégalement. Elles doivent également être débarrassées des incrustations qui ont pu avoir lieu. Si le navire doit faire un long séjour, il faudra de temps à autre faire faire à la machine un quart de tour pour changer les points de portage qui sont les points où l'oxide se déclare d'abord; et s'assurer que les chaudières sont toujours sèches intérieurement. Il faudra également avoir soin qu'il ne reste de l'eau, ni dans les cylindres, ni dans le condenseur, ni dans la pompe à air; en un mot dans aucune partie de la machine ou du tuyautage.

A la mer, pendant que la machine fonctionne, l'on doit, de

temps en temps, examiner si les différents organes de la machine réagissent les uns sur les autres sans efforts, mais aussi sans trop de liberté; si les godets graisseurs sont approvisionnés; si les parties frottantes s'échauffent; si la machine produit des chocs ou des bruits inaccoutumés. Le bruit que la machine fait en marchant, est une voix que l'on doit s'exercer à interpréter.

Quant à la chaudière, il faut veiller à son niveau pour lui éviter les coups de feu; et au degré de salure de l'eau pour qu'il ne se forme pas d'incrustation.

Les approvisionnements comprennent tout ce qui est nécessaire à la consommation de la machine. Ils consistent principalement en charbons et bois sec pour les foyers; en huile et en suif pour brûler et graisser les parties frottantes; en coton, chanvre, étoupes, chiffons pour les godets graisseurs, les presses-étoupe et le nettoyage de la machine; limaille de fer, fleur de soufre, sel ammoniac, blanc de céruse ou de zinc, minium en poudre, huile de lin pour mastics.

Quant aux rechanges, il n'y a rien de réglementaire dans la marine marchande, et le commerce n'est pas dans l'habitude d'en donner.

19° Exemples d'avaries survenues dans les organes des machines et moyens de les réparer avec les ressources du bord.

Nous venons de dire à la fin du § précédent, qu'il n'y avait rien de réglementaire relativement aux rechanges qui concernent la machine; il n'y a pareillement rien de réglementaire par rapport à l'outillage qui pourrait être nécessaire pour entreprendre de légères réparations. Il n'est pas exigé non plus qu'il y ait à bord un ou plusieurs ouvriers en métaux, en sorte que par la force des choses aucune réparation ne peut être entreprise avec les ressources du bord. Il devient donc parfaitement inutile de supposer ici des exemples d'avaries et d'indiquer les moyens de les réparer, puisque rien ne peut être fait sans un outillage un peu complet, et des ouvriers propres à le mettre en œuvre.

30° OBSERVATION. — Chaque candidat sera interrogé sur les principaux détails de la machine qu'il déclarera le mieux connaître.

Les Écoles d'hydrographie ayant été pourvues de deux grands tableaux, représentant deux machines à vapeur de systèmes différents, nous pensons ne pouvoir mieux terminer qu'en donnant la légende explicative de ces deux machines, et en ajoutant quelques mots sur leur manière de fonctionner.

Le premier tableau contient deux représentations de la même machine, laquelle est une machine à balancier et à cylindre vertical. La figure 1 est l'élévation ou la vue perspective de la machine; la figure 2 en est la coupe faite suivant l'axe du cylindre à vapeur. La première montre donc l'extérieur de la machine, l'autre l'intérieur. Les explications suivantes devront être suivies sur l'une et l'autre figure.

PIÈCES FIXES.

1. et 2. P'. Plaque de fondation en fonte fixée sur les carlingues C. R.

1. b. Bâti de la machine, ou charpente en fonte supportant les organes de la machine.

1 et 2. C. Cylindre à vapeur avec ses orifices o et o' et ses soupapes de sûreté.

1. J. Boîte à tiroir.

1. et 2. T'. Conduit pour la vapeur venant de la chaudière et arrivant dans la boîte à tiroir J vers le milieu T" de la boîte.

1 et 2. Z′. Tuyau d'évacuation au condenseur pour le haut du cylindre C; le bas évacuant directement par l'orifice o′.

2. Y. Condenseur et son tuyau d'injection V.

1 et 2. H. Bâche avec son tuyau de trop plein t.

1. Q. Pompe de cale.

1. R. Pompe alimentaire et sa boîte L.

1 et 2. P. Pompe à air avec ses clapets.

PIÈCES MOBILES.

1 et 2. P′. Piston du grand cylindre, sur les faces duquel agit la vapeur venant de la chaudière par le tuyau T′.

1 et 2. K′. Tige du piston faisant monter et descendre la traverse d, et formant avec cette traverse le té du piston-vapeur.

1. B. Bielles pendantes situées de part et d'autre du cylindre, et dont une seule est visible. Ces bielles sont attachées par leurs parties supérieures aux extrémités de la traverse d, et, inférieurement, à l'un des bouts du balancier.

1. BL. Balancier oscillant autour de son tourillon A qui traverse le condenseur Y.

1. e. Traverse de la grande bielle unissant les extrémités de droite des deux balanciers.

1. G. Grande bielle montée sur le milieu de sa traverse, et formant avec elle le té renversé.

1. f. Manivelle de l'arbre de couche.

1. A′. Arbre de couche et son taquet a, entraînant dans son mouvement le chariot d'excentrique H′ au moyen des boutoirs x ou x′. Cet arbre entraîne également les disques des roues D′.

1. E. Bielle d'excentrique, mise en mouvement par le chariot H′ et agissant sur le levier D.

1. D. Levier de mise en marche, recevant ordinairement son mouvement de la bielle d'excentrique E, mais pouvant aussi se manœuvrer à la main quand on veut faire partir la machine.
1. B'. Tige du tiroir sur laquelle agit la bielle E au moyen du levier coudé dont fait partie la manette D.
2. T. Tiroir long en D.

MOUVEMENT GÉNÉRAL DE LA MACHINE.

Comme nous l'avons dit plus haut, la vapeur venant de la chaudière par le conduit de vapeur T' entre dans la boîte à tiroir J par l'ouverture d'arrivée T". Si, alors, l'on met le tiroir T à l'une des extrémités de sa course au moyen du levier D, la vapeur entre dans le cylindre C par l'un des orifices o ou o' et agit sur le piston P' qu'elle fait descendre, si, comme dans la figure 2, l'orifice supérieur o est en communication avec la boîte à tiroir J. La tige du piston K' agissant par son té sur les bielles pendantes B, force l'extrémité de gauche du balancier BL à descendre. L'extrémité de droite remonte donc, et au moyen de la grande bielle G, agit sur la manivelle f et force l'arbre A' à tourner, entraînant avec lui les roues D'. L'arbre A' entraîne également le chariot d'excentrique H' qui mène la bielle d'excentrique E, laquelle réagit sur le levier de mise en marche D, qui fera descendre et puis monter alternativement le tiroir T pour distribuer aussi alternativement la vapeur de chaque côté du piston et la faire évacuer au condenseur Y. Le balancier donne également le mouvement à la pompe de cale Q, à la pompe alimentaire R et à la pompe à air P.

Le piston de cette pompe alimentaire a une course qui n'est que la moitié de celle parcourue par les extrémités du balancier, et, par conséquent, aussi la moitié de la course du grand piston P'.

FORCE EFFECTIVE DE LA MACHINE.

Pour terminer ce qui reste à dire sur le tableau 1, il s'agit de calculer la force présumée développée par le piston, en suppléant d'une manière probable aux données qui manquent, et admettant une échelle arbitraire, puisque le tableau n'en renferme pas.

La longueur du cylindre est de 235 millimètres, son diamètre ou celui du piston est de 158 ^{mm},5 et l'épaisseur du piston à son centre est d'environ 27 ^{mm},5 ; d'où il résulte que l'espace que peut parcourir le piston est réduit à 207 ^{mm},5.

En admettant que l'échelle du dessin soit $^1/_6$; que le nombre n des tours de l'arbre ou de la roue à aubes soit de 32 par minute, ce qui donne 64 coups simples de piston; que la pression effective P de la vapeur dans le cylindre soit 1^a,5 $=$ 1 kg. 549 par centimètre carré, et que la pression résistante p sur la face qui est en communication avec le condenseur soit 0 kilog. 353 répondant au vide moyen 50 centimètres, indiqué par le baromètre du vide; on demande la force développée par le piston.

D'après l'échelle adoptée $^1/_6$, le diamètre du piston est de 95 centimètres et d'après la formule de géométrie $^1/_4 \pi D^2$ sa surface est 7084,6 centimètres carrés ; si l'on multiplie par ce nombre le nombre 1 kg. 196, différence des pressions P et p, l'on aura en kilogrammes la force qui fait mouvoir le piston, laquelle est 8473 kg. 18. Connaissant la force, pour avoir le travail, il faut multiplier cette force par le chemin parcouru par le piston dans une seconde. Nous avons dit que l'espace que le piston laisse vide, est en longueur de 207 ^{mm}5, ce qui fait d'après l'échelle 1 ^{m}, 245 que nous diminuerons de 25 ^{mm} pour la double liberté du cylindre. Il ne reste donc plus que 1 ^{m}, 22 pour la course du piston ; et comme il la parcourt 64 fois par minute, cela fait 73^m, 20 et 1^m, 3 par seconde, nombre que nous représenterons par C.

Si maintenant l'on multiplie la pression 8473, 18 par le chemin 1, 3, le produit 11015 exprimera en kilogrammètres la force développée par le piston. Pour avoir ce résultat en chevaux-vapeur, il faut, d'après le 1er §, diviser ce nombre par 75, ce qui donne environ 147 chevaux. Cette force développée par le piston est ce que l'on nomme la force nominale de la machine ; quant à son travail utile, il est toujours moindre à cause des pertes de force provenant des frottements, de la manière dont cette force est employée et autres causes. Si nous supposons ici que le travail réel soit les 0, 54 du travail théorique, nous aurons pour résultat 80 chevaux environ. Le navire ayant toujours deux machines semblables, cela fait 160 chevaux pour force d'impulsion.

Au lieu de recommencer à chaque fois les raisonnements par lesquels nous avons passé pour arriver au résultat, il est facile de réunir la série des opérations dans une formule unique qui est calculable par logarithmes. Si F représente la forme nominale on a

$$F = \frac{\frac{1}{4} \pi D^2 \times (P-p) \times C}{75} = \frac{\pi D^2 \times (P-p) \times C}{300}$$

et en appelant K le coëfficient par lequel il faut multiplier la force nominale pour avoir le travail utile

$$F' = K \times \frac{\frac{1}{4} \pi D^2 \times (P-p) \times C}{75}$$

Le 2e tableau représente la coupe d'une machine à hélice, à connexion et à mouvement directs, dont le cylindre est horizontal.

PIÈCES FIXES.

BT. Bâti de la machine, fixé sur les carlingues CR.

C. Cylindre à vapeur avec ses orifices O_1 et O_2 et ses soupapes de sûreté S' et son godet graisseur g'.

J. Boîte à tiroir.

FF. Conduit de la vapeur venant de la chaudière et aboutissant dans la boîte à tiroir J par le côté de cette boîte.

F'F'. Tuyau d'évacuation au condenseur, communiquant avec l'orifice d'évacuation D par l'ouverture F'_1 F'_2 située au-dessous de la boîte à tiroir J.

Y. Condenseur et son tuyau d'injection V.

H. Bâche et son tuyau de trop plein t.

P. Pompe à air et ses clapets.

PIÈCES MOBILES.

B. Piston du grand cylindre sur les faces duquel agit la vapeur venant de la chaudière par le tuyau F, F.

K. Tige du piston faisant aller à droite et à gauche la traverse d' qui porte à son extrémité le coussinet l assujéti à se mouvoir entre les glissières $g\,g$.

G. Grande bielle, liée d'une part à la tige K du piston B, et de l'autre à la manivelle f de l'arbre de couche.

A'. Arbre moteur ou arbre de couche, entraînant les deux chariots d'excentrique O et O' qui sont ici clavetés sur l'arbre. Cet arbre entraîne également l'hélice HL.

E,E'. Bielles d'excentrique mises en mouvement par les chariots O et O' et formant avec l'arc évidé S, S le secteur de Stephenson.

B"B"'. Levier coudé sur lequel agit la tringle B' au moyen de la roue de mise en marche M'. Ce levier coudé soulève ou abaisse la petite bielle S' qui entraîne avec elle le secteur SS.

Q. Coussinet mobile du secteur SS agissant sur la tige T du tiroir, par l'intermédiaire du levier ML

que termine le doigt d et qui tourne autour de
l'axe L'.

T' Tiroir en coquille.

Avant de terminer cette énumération, remarquons que le
dessin de cette machine a un défaut d'exactitude; le tuyau
d'évacuation F' qui passe derrière la boîte à tiroir J pour arriver au-dessous d'elle à l'orifice d'évacuation D, ne saurait être
placé devant le tuyau d'admission F dont l'orifice FF est au-
dessus de l'orifice D; du moins tant que les deux tuyaux F et
F' seront du même côté de la boîte à tiroir comme l'indique le
dessin.

MOUVEMENT GÉNÉRAL DE LA MACHINE.

Le registre de la vapeur R' ayant été ouvert, la vapeur
pénètre dans la boîte à tiroir J par l'ouverture FF qui existe
sur le côté de cette boîte. Si, alors, au moyen de la mise en train
l'on repousse le tiroir de manière à découvrir l'un des orifices
O_1 ou O'_1, la vapeur agit sur l'une des faces du piston B et le
force à marcher de droite à gauche ou de gauche à droite. La
tige K du piston repousse ou attire la grande bielle G. Celle-ci,
à son tour, agit sur la manivelle F de l'arbre moteur A' et le
force à tourner, entraînant dans son mouvement l'hélice HL.
l'arbre A' entraîne aussi les chariots d'excentrique O et O' qui
mènent les bielles E et E'. Celle de ces bielles qui est en regard
du coussinet Q fait mouvoir le levier ML'L et la tige T du
tiroir T' que commande le doigt d. Le tiroir T' a donc un mouvement de va et vient qui permet à la vapeur d'entrer successivement par les orifices O_1 et O'_1 en passant par l'extérieur du
tiroir, et d'évacuer au condenseur Y, en passant par les mêmes
orifices O_1 et O'_1, l'intérieur du tiroir, le conduit D et le tuyau
d'évacuation F'.

Sur le grand piston B est fixée la tige K' de la pompe à air
P dont le piston I a une course égale en étendue à celle du
piston à vapeur B.

FORCE EFFECTIVE DE LA MACHINE.

Nous pouvons encore, en agissant comme dans le cas précédent, trouver la force présumée de cette machine.

Ici la longueur du cylindre est de 198 mm, son diamètre de 262 et l'épaisseur du piston 33. Si à ces données prises sur la figure, nous adjoignons ces données fictives, échelle $^1/_5$; $n = 50$; $P = 2^{st}$, $5 = 2$ kg., 582; $p = 0$ kg., 353, l'on en déduira pour le calcul de la formule donnée précédemment : diamètre du piston D $= 131$ centimètres, P-$p = 2$ kg. 229 ; course du piston avec une liberté de 25 millimètres 0^m, 8 et par suite C ou chemin parcouru en une seconde 1^m, 33. Employant les logarithmes il vient :

$$
\begin{array}{rcl}
\text{Log. } \pi & = & 0,49693 \\
2 \text{ Log. D} & = & 4,23454 \\
\text{Log. (P-}p\text{)} & = & 0,34811 \\
\text{Log. C} & = & 0,12385 \\
\text{Colog. 300} & = & \overline{3},52288 \\
\hline
\text{Log. F} & = & 2,72631
\end{array}
$$

Le nombre correspondant étant 532, 5, la force nominale de la machine est donc de 530 chevaux environ ; et si l'on admet que pour cette machine le travail utile soit les 0,65 du travail théorique, l'on aura pour ce dernier travail 346 chevaux, ce qui fait 692 chevaux pour les deux machines conjuguées sur l'arbre de couche.

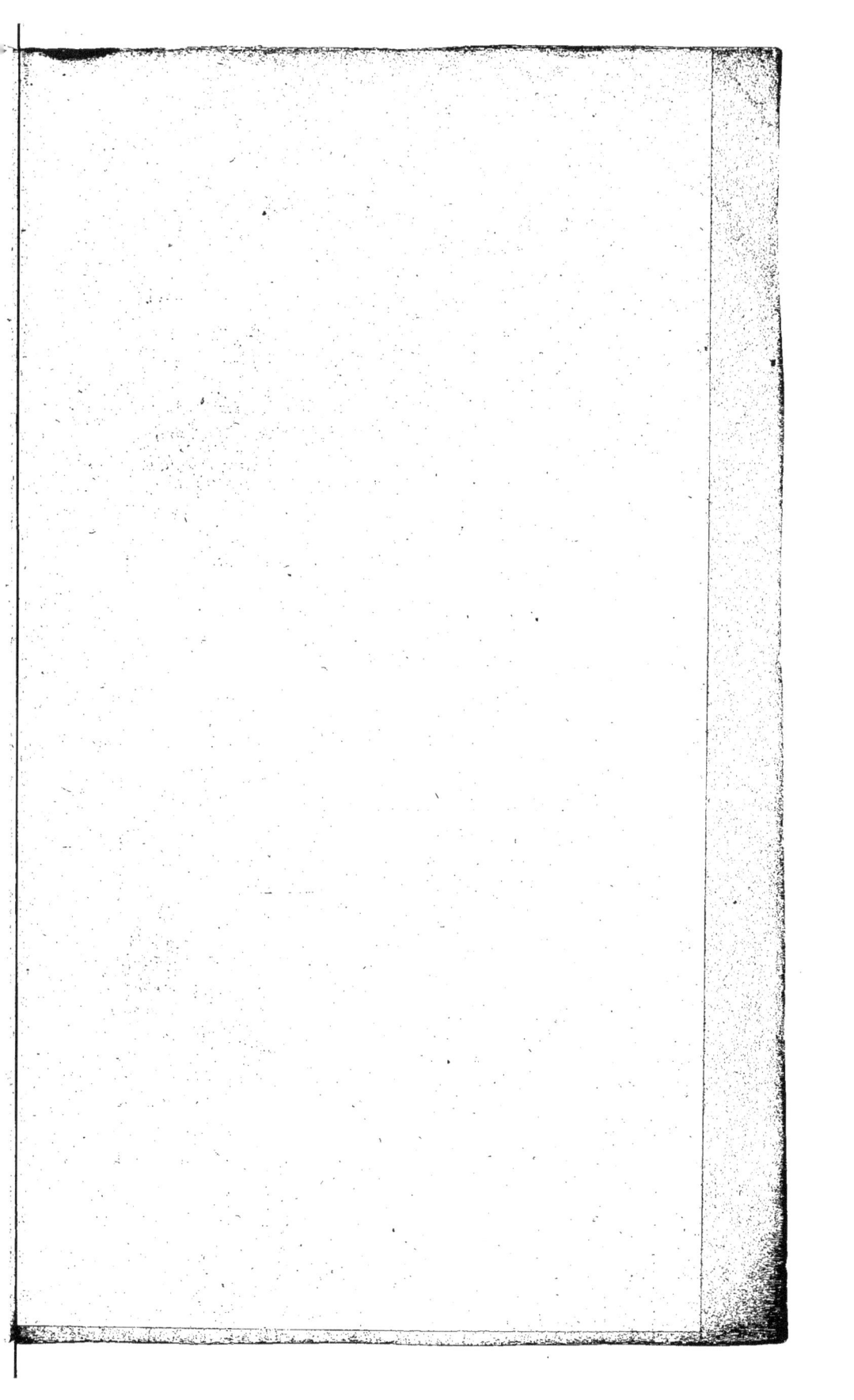

www.ingramcontent.com/pod-product-compliance
Lightning Source LLC
Chambersburg PA
CBHW071300200326
41521CB00009B/1847